新型类水滑石材料制备与二氧化碳催化转化

孔婷婷 著

哈爾濱工程大學出版社
Harbin Engineering University Press

内容简介

CO_2是大气中主要的温室气体，温室气体导致的温室效应如今已威胁到人类生存和社会发展，控制温室气体排放成为全人类面临的一个关键问题。CO_2的物理吸附法和光催化还原制碳氢燃料技术被认为是最有前景的CO_2减排利用方法，高效吸附剂和光催化剂基础研究是这一技术获得突破的关键。本书采用共沉淀法制备了钛锂铝类水滑石（Ti/Li/Al－LDHs）及其碳复合材料，研究了材料的CO_2吸附和光催化制甲烷的特性，建立了吸附剂、光催化剂结构和性能之间的构效关系，为进一步提高材料的相关性能提供新的研究思路和理论基础。

本书可供新材料研发人员参考，也可作为高校相关专业的教学参考用书。

图书在版编目（CIP）数据

新型类水滑石材料制备与二氧化碳催化转化/孔婷婷著.
—哈尔滨：哈尔滨工程大学出版社，2020.7
ISBN 978－7－5661－2720－4

Ⅰ.①新… Ⅱ.①孔… Ⅲ.①二氧化碳—催化—应用—水镁石—材料制备 Ⅳ.①P578.4

中国版本图书馆CIP数据核字（2020）第114458号

策划编辑 夏飞洋
责任编辑 唐欢欢
封面设计 李海波

出版发行 哈尔滨工程大学出版社
社　　址 哈尔滨市南岗区南通大街145号
邮政编码 150001
发行电话 0451－82519328
传　　真 0451－82519699
经　　销 新华书店
印　　刷 北京中石油彩色印刷有限责任公司
开　　本 787 mm×1 092 mm 1/16
印　　张 9.75
字　　数 206千字
版　　次 2020年7月第1版
印　　次 2020年7月第1次印刷
定　　价 39.80元
http://www.hrbeupress.com
E-mail:heupress@hrbeu.edu.cn

前　　言

CO_2是大气中主要的温室气体,温室气体导致的温室效应如今已威胁到人类生存和社会发展,控制温室气体排放成为全人类面临的一个关键问题。本书总结归纳了目前常用的CO_2的减排方法及催化转化方法。研究发现,物理吸附法和光催化还原制碳氢燃料技术被认为是最有前景的CO_2减排利用方法,高效吸附剂和光催化剂基础研究是这一技术获得突破的关键。

LDHs(Layered Double Hydroxides)具有独特的物理化学性质及吸附催化性能,可以作为酸碱性催化剂、氧化还原催化剂及催化剂载体等用于多种催化反应中。本书采用共沉淀法制备了一系列新型类水滑石材料:Zn/Mg/Al - LDHs、Cu/Fe/Al - LDHs、Ti/Li/Al - LDHs 及其复合材料 Ti/Li/Al - LDHs/xDC,它们被尝试用作阻燃材料、CO_2的吸附转化材料等。实验证明,Zn/Mg/Al - LDHs 作为固体粉末状阻化剂对煤自燃阻化效果整体较好;CO_2在 Cu/ Fe/ Al - LDHs 上经光催化还原反应可得到 CH_4等产物;Ti/Li/Al - LDHs 及其复合材料 Ti/Li/Al - LDHs/xDC 对 CO_2吸附性能和光催化转化性能良好。

同时发现,Ti/Li/Al - LDHs(LDOs)经碳负载后,结晶度下降,C 原子进入到晶格内部,导致类水滑石晶体结构发生畸变;同时在 DC 和类水滑石界面处有 Ti—O—C键生成。

类水滑石的光催化活性比纯水滑石高,CH_4产率更高。这是因为 DC(AC)的负载可以提高类水滑石的分散性,减小其晶粒尺寸,增大催化剂与 CO_2的接触面。同时,由于 DC(AC)对 CO_2的吸附浓缩作用,提高了光催化反应的速率。同时发现,在紫外灯照射下,Ti/Li/Al - LDOs 的复合也提高了 AC 的吸附性能,延长了 AC 的吸附饱和时间,宏观上表现为增加了 AC 的平衡吸附量。由此可见,AC 与 LDHs 两种材料之间不是简单的复合,而是多孔炭材料 - 纳米晶体半导体的协同效应。

采用 Materials Studio 材料科学分子模拟软件,构建 Ti/Li/Al - LDHs 类水滑石的结构模型。与传统的 Mg/Al - LDHs 相比,Ti/Li/Al - LDHs 层板间阳离子电荷密度不均匀分布,晶胞结构产生形变;且 Ti/Li/Al - LDHs 的结构中存在大量的氢键。通过结构优化和带隙能计算,发现 Ti/Li/Al - LDHs 的带隙能 E_g 为 3.5 eV 左右,是较好的半导体材料。基于最稳定结构，对 Ti/Li/Al - LDHs 进行 C 掺杂模拟计算。结果表明，C 掺杂 Ti/Li/Al - LDHs 晶体结构稳定性增强，但对称性变差，晶胞变形，且产生 H 缺位的晶胞结构，造成晶格缺陷，其带隙能 E_g 为 3.47 eV 左右。这从理论角度验证了实验结论，为建立吸附剂、光催化剂结构和性能之间的构效关系，为进一步提高材料的相关性能提供了新的研究思路和理论基础。

从事二氧化碳催化转化研究近十年，曾经因为科研期间单调而枯燥的三点一线的生活而抱怨，因为实验的不顺利而彷徨，也因为论文的反复修改而苦恼。但是，走到今天，我却感谢这段走得并不算顺利的科研生涯，它让我成长，让我懂得人生的不易，学会了宽容和感恩。

这次专著的顺利完成，实非我一人功劳，而是身边所有关心我和支持我的人共同的劳动成果，是所有指导过我的老师，帮助过我的和一直关心支持着我的家人对我的教诲、帮助和鼓励的结果。因此，我要在这里对他们表示深深的谢意！

首先要感谢导师周安宁教授，没有他的悉心指导和培养，就没有今天能顺利发展的我；其次感谢张亚婷师姐、刘博师妹，耐心地教我各项实验设备的调试，每次在我实验设备出现故障、实验结果需要检测时都及时帮我解决；同时，感谢师弟董羿蘩和师妹张颖萍，和我一起研究文献，一起反复验证实验条件等，在实验最艰难的时候和我一起砥砺前行，沈少华、张蕾等无论在生活中还是学习中都给过我很大的支持和帮助。

感谢我的家人，特别是我年迈的父母从经济上和精神上给予的全面支持，在我科研期间，在我无暇顾及家庭时，乃至现在对孩子的照料，才让我能够安心学习和工作，顺利完成一项又一项科研工作。感谢所有帮助过我的亲朋好友。

感谢国家自然科学基金（51902253 和 91961106）。

最后，向百忙中阅读本书的读者致以深深的谢意！感谢您的批评指正！

著　者

2020 年 6 月

目　录

第1章　CO_2 的研究背景和意义

1.1　引　　言

目前,伴随着经济和科技的迅猛发展,空气中增加了大量的温室气体,导致了全球气候变化,如冰川融化、海平面上升、海洋酸化、极端天气频发等。与此同时,也加剧了温室效应。温室效应严重威胁着人类生存和社会发展,受到国际社会的广泛关注。温室效应的气体来源较多,但其成分主要是 CO_2、CH_4、氮氧化物和氯化物等。表1－1列出了主要温室气体对全球变暖的贡献。虽然 CH_4 和氮氧化物产生温室效应的潜能较 CO_2 大,但因 CO_2 在大气中浓度相对较高,所以其对温室效应的贡献值是最大的。此外,从表1－1中的数据还可以看出,近年来 CO_2 浓度有迅速升高的趋势,按照此趋势发展,到2100年,全球 CO_2 浓度最高将会达到1 150 ppm,温度最高上升6.3 ℃。因此,控制大气中 CO_2 的浓度成为一个亟待解决的问题,有效减缓温室效应,也刻不容缓。

表1－1 主要温室气体对全球变暖的贡献

气体	浓度（2011年）	浓度（2005年）	生存期（a）	GWP 100－year（$W \cdot m^{-2}a \cdot kg^{-1}$）	GWP 100－year（$K \cdot kg^{-1}$）
CO_2	390.5 ppm①	379 ppm	—	$9.17e^{-14}$	$5.47e^{-16}$
CH_4	1 803.1 ppb②	1 774 ppb	9.1	$2.61e^{-12}$	$2.34e^{-15}$
N_2O	324.0 ppb	319 ppb	131	$2.43e^{-11}$	$1.28e^{-13}$

根据相关文献,全球环境难民的数量已超过战争难民的数量,目前达2 500万人,预计到2050年,由于全球变暖而导致的环境难民将多达1.5亿人。为了避免

① 1 ppm＝1 mg/L。

② 1 ppb＝1 ug/L。

全球变暖给环境带来灾难性后果，将大气的升温幅度应控制在一定范围内。欧盟提出到2050年，将全球温室气体的排放总量降低到1990年的一半左右。中国承诺，到2020年单位国内生产总值CO_2排放比2005年下降40%～45%，增加4 000万公顷①森林面积，森林蓄积量增加13亿立方米的指标。

近年来，我国大力提高能源效率、改善能源结构、推进能源体系的革命性变革，这既是我国建设生态文明，实现永续发展的内在需求，也是积极推进全球应对气候变化进程的战略选择。党的十八大提出推动能源生产和消费革命，习近平主席2014年6月在中央财经领导小组会上再次强调：积极推动我国能源生产和消费革命是长期战略。因此，中长期能源战略要有创新的思路和超前的部署，走出中国特色的绿色、低碳发展路径。

1.2 国内外研究现状

世界各国的CO_2的排放中，80%来源于煤炭、石油、天然气等化石燃料的消耗。在世界范围内，燃用化石燃料的电站大约占51%（其中燃煤占36%、燃油占9%、燃气占6%）。化石能源占全球总能源的83%左右，而且在今后的几十年里全球还会继续利用化石燃料。其中燃煤电厂烟气中的CO_2是最主要的排放源，占全球总排放量的37.5%，烟气中CO_2的有效捕集和转化成为CO_2减排的重要突破口。对于我国而言，煤炭燃烧是CO_2的主要来源，比重长期在70%左右，而且在较长的时间内这种主体地位不会改变。因此，受这种天花板效应的影响，有效降低CO_2排放量的（CO_2吸附与利用）技术受到越来越多的关注，燃煤电厂等低浓度CO_2的排放与捕集成为当前人们关注的焦点。

1.2.1 CO_2的排放现状

自工业革命以来，在全球经济中占有大比重的工业及交通运输业发展迅速。由此也导致了化石能源的大量消耗（工业、电力和交通运输部门），从而不可避免地造成全球CO_2的排放量保持了持续增长的趋势；其CO_2排放量约占全球CO_2排放总量的60%～70%。据推测，2100年的CO_2排放量将增加到300亿吨/年。由于工业、电力和交通运输部门属于能源密集型行业，其CO_2的排放量都很高。为了解决此问题，逐步转变能源消费结构，实现由化石能源向清洁能源的转变，降低对化石能源的依赖性，促进CO_2减排技术的研发与应用，积极探索和推广CO_2的捕集和封存技术，从而减缓温室效应也是研究者们关注的焦点问题。但是，受当前技

① 1公顷＝10 000平方米。

术水平的限制及人们对电力需求的增加,导致电力、工业、交通运输业等仍是主要的 CO_2 排放部门。

发达的工业化国家 CO_2 排放量约占全球排放总量的80%,科技的进步虽然使清洁能源在工业化国家能源结构中的比重越来越高,煤炭等化石能源份额下降,但是,全球大量的 CO_2 仍是由发达的工业国家排放的。发展中国家的工业发展起步较晚,其排放量较少;但是,随着发展中国家工业和经济迅速发展,势必会导致其化石能源消费量及 CO_2 排放量增加,但其人均 CO_2 排放量和排放总量都远低于发达国家。

图1-1给出了1850—2011年世界各地区的碳排放比例,可以看出,我国的 CO_2 排放量在世界排放总量中占很大的比重。1994年,我国的 CO_2 排放量所占的比重为所有温室气体排放总量的76%,到2004年 CO_2 排放量所占的比重上升到83%。也有文献报道,1990—2001年,我国的 CO_2 排放量净增8.23亿吨,占世界同期增加量的27%,到2020年,排放量要在2000年的基础上增加1.32倍。

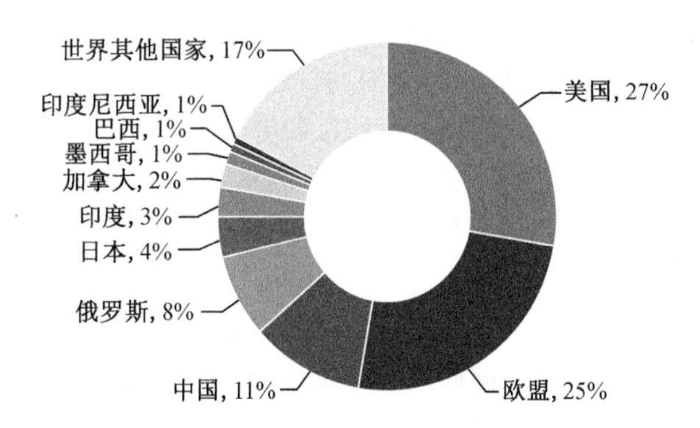

图1-1 1850—2011年世界各地区碳排放比例

图1-2给出了美国能源部二氧化碳信息分析中心(CDIAC)为联合国收集到的数据。由图1-2可以看出,前十名的地区占了世界总排放量的80.56%,特别是中国,据估计,到2025年,中国的 CO_2 排放总量可能超过美国,居世界第一位。基于"低碳生活"的发展要求,我国提出2020年国内生产总值 CO_2 排放比2005年下降40%~45%的减排目标。尽管可再生能源和核能以每年2.5%的增长率成为目前发展速度最快的能源,然而工业生产和发展中国家经济增长的需求会使2040年前,化石燃料在世界能源结构中仍将占据近80%的比重。

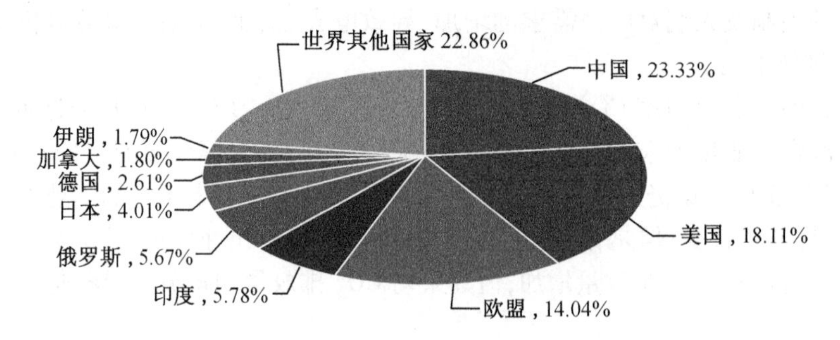

图 1－2　2025 年世界各地区碳排放比重

1.2.2　CO_2 的研究现状

CO_2 作为温室效应的主要气体，其排放量的急剧增加导致严重的大气污染，但同时它也有着重要的工业应用价值。因此，如何有效地对 CO_2 回收、循环、利用，降低化石能源的消耗，成为人们关注的焦点。图 1－3 为 CO_2 在可再生能源甲醇等液体燃料中的再生循环系统。虽然减少 CO_2 排放、提高能源的有效利用率、发展新能源是我们的终极目标；但是，当前环境下积极研究 CO_2 的吸附和存储，提高 CO_2 的附加值，对其进行循环利用也是减少碳排放和温室效应的有效方法。

燃煤电厂由于锅炉燃烧系统和煤质不同，烟气中各组分的含量也有区别，但主要的烟气组成均为 CO、CO_2、SO_2、NO_x 及粉尘和少量水蒸气等。其中，根据煤种的不同，CO_2 的含量在 10%～20%。对于燃煤电厂烟气中的 CO_2 减排一般分为直接和间接两种方法。所谓直接法即通过 CO_2 的捕集并封存从而直接从源头控制 CO_2 排放，即 CCS（Carbon Capture and Storage）技术；所谓间接法即通过工艺创新来提高新的发电机组效率等，进一步减少发电中能耗以减少 CO_2 的排放。其中，CCS 技术是缓解 CO_2 排放危机的最直接有效的手段，是人类减少 CO_2 进入大气最重要的切入点，还能通过回收有价值的副产品而降低减排成本。Wong 和 Bioletti 从经济角度的分析结果表明，CO_2 的吸附与存储是控制碳排放量较为合适的方法之一。

CCS 技术主要有燃烧前分离（Pre－combustion）、燃烧后分离（Post－combustion）、富氧燃烧技术（Oxy－fuel combustion）。目前，这三种吸附分离技术呈现并行发展的趋势，但各自又都存在一些需要解决的技术难题。对于我国而言，提高能源利用效率的技术正逐渐受到天花板效应的制约，而用可再生能源替代化石能源在短期内也不容易实现，尤其我国煤炭作为主体能源的地位在今后相当长的一个时期内不会发生改变，因此能够有效降低燃煤电厂 CO_2 排放的 CO_2 吸附分离与利用技术受到越来越多的关注。目前，燃煤电厂使用的燃烧后系统和燃烧前系统可以吸附电厂产生的 85%～95% 的 CO_2。从原理上讲，富氧燃烧系统可以吸附

几乎全部的 CO_2，但由于需要增设气体预处理系统以清除污染物，目前此方法只能达到90%的 CO_2 吸附分离效率。表1-2概述了目前 CO_2 吸附分离可选技术和它们的潜力。

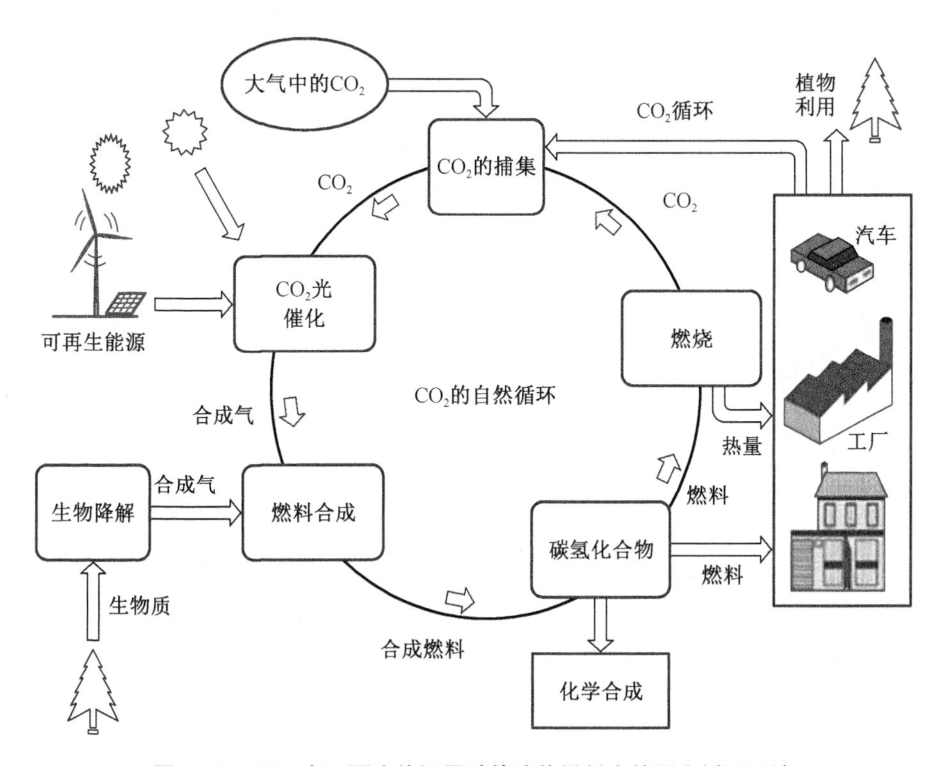

图1-3　CO_2 在可再生能源甲醇等液体燃料中的再生循环系统

表1-2　CO_2 吸附工具：当前和未来技术

吸附方法	燃烧后脱碳 CO_2/N_2		燃烧前脱碳 CO_2/H_2		富氧燃烧 O_2/N_2	
分离规则	当前	未来	当前	未来	当前	未来
膜	聚合	陶瓷辅助 运输碳 分子筛	聚合	陶瓷、 钯反应器、 接触器	聚合	离子运输 辅助运输
溶剂/吸收	化学 吸收	改善工艺设计 改善溶剂 新型接触器设备	物理/ 化学吸收	改善工艺设计 改善溶剂 新型接触器设备	—	生物模拟溶剂
低温	液化	混合过程反升华	液化	混合过程	蒸馏	改进蒸馏

表 1-2(续)

吸附方法	燃烧后脱碳 CO_2/N_2		燃烧前脱碳 CO_2/H_2		富氧燃烧 O_2/N_2	
分离规则	当前	未来	当前	未来	当前	未来
吸附剂	沸石 活性炭	碳酸盐 碳基溶剂	沸石 活性炭 氧化铝	白云石 水滑石 锆酸盐	沸石 活性炭	碳酸盐 水滑石 硅酸盐
生物技术	—	藻类生产	—	高压	—	生物模拟

1.3 CO_2 的吸附分离研究

从微观角度来说,吸附现象就是 CO_2 分子扩散至吸附剂表面与其产生相互作用,从而使这些 CO_2 分子富集在吸附剂表面的过程。根据这种相互作用的大小,可以将吸附分为物理吸附和化学吸附。而 CO_2 显现的非极性和酸性会与吸附剂同时形成这两种吸附。

CO_2 分子中两个大小相同、方向相反的双键,使其呈现非极性。当其扩散至拥有极性分子表面的吸附剂附近时,后者表面的电场会对 CO_2 分子产生作用,形成诱导偶极,从而将其吸引,达到吸附的效果;当 CO_2 分子扩散到拥有非极性或极性分子表面的吸附剂附近时,由于各自电子和原子核的振动引起的瞬间相对位移而产生的色散力会使两者产生相互吸引,从而达到吸附的效果;这两种都属于物理吸附。同时,因为 CO_2 气体的临界温度为 304.2 K,在接近室温下对其进行吸附容易使之在微孔中发生毛细凝聚,而 CO_2 又主要通过大孔扩散至吸附剂表面。所以说,吸附剂的孔隙结构严重影响着物理吸附。

由于 CO_2 是酸性气体,所以能和碱性的氧化物形成配位键(单配位、多配位),从而使其吸附在氧化物表面。一般发生如下反应:

$$MO + CO_2 \rightarrow MCO_3 \tag{1-1}$$

此过程中有新的化学键形成,属于化学吸附。而吸附剂存在多少氧化物点位及 CO_2 能否扩散至其表面也与吸附材料表面积、孔容及孔径分布有很大关系,所以这些也是影响 CO_2 吸附的重要因素。

另外,若 H 原子与 F、O、N 这类电负性大且半径小的原子以共价键相连接时,后者会拉扯共用电子对从而使 H 原子显正电。而 CO_2 分子中的 O 原子也因此原理显示负电。所以当 CO_2 分子与这些官能团接近时,由于静电作用会产生 X—H…O 形式的作用力,从而将其吸附,人们将这种作用力称为氢键。上述官能团是与

CO_2 分子产生氢键的基础，所以存在的数量和吸附剂的孔隙情况也是相当重要的。

CO_2 吸附的主要方法有低温法、吸收法、吸附法以及膜分离法等。CO_2 吸附技术最早应用于炼油、化工等 CO_2 浓度和压力比较大的行业，其吸附成本相对较低。当前，在燃煤电厂及其烟道气中，由于 CO_2 浓度较低，采用之前的技术必然导致高能耗、高成本。在 CCS 技术中已投入生产的是液体吸收法，例如胺液回收法，一般利用乙醇胺（MEA）溶液回收烟气中的 CO_2。然而实践证明，该装置的长周期连续运行情况较差，从而使其经济效益打了折扣，主要原因在于冷换设备泄漏，且均为管束腐蚀产生的泄漏。因此，针对目前的问题，大力发展新的 CO_2 捕集技术势在必行。

1. 燃烧后的吸附

已有的 CO_2 分离方法主要有化学链的燃烧（主要通过载氧剂将空气中的氧气传送给燃料，避免空气对 CO_2 的稀释，使后期产生的高浓度 CO_2 直接通过燃烧后吸附进行处理）、富氧燃烧（通过制氧技术产生的高纯度氧气与部分烟气的混合气体替代空气，从而脱除空气中的氮气）、燃烧前的吸附（通过高压装置将煤富氧气化为煤气，再经过水煤气转换为 CO_2 和 H_2，提高其 CO_2 排放浓度）和燃烧后的吸附（在燃烧排放的烟气中吸附 CO_2）等四种方法。目前，常用的主要是后三种方法，这三种吸附方法呈现并行发展的趋势，但各自又都存在一些需要解决的技术难题。无论燃烧前吸附还是富氧燃烧，完成常规机组的改造、替代仍具有一定的实际困难。所以，对于大量的现有电厂来说，燃烧后二氧化碳吸附技术成为温室气体减排的主要路径之一。

图 1－4 给出了二氧化碳的燃烧后吸附过程。燃烧后吸附技术，是当前普遍公认的一种最有发展前景的 CO_2 分离技术。由图 1－4 可见，与其他吸附方法相比，燃烧后的吸附具有较大的优越性。从理论上说，燃烧后吸附技术适用于任何一种火力发电厂，且可以与以上任何一种吸附方法相结合，也可以说以上三种方法最后都离不开燃烧后的捕集。从技术装置上来说，燃烧后的吸附装置可以加装在发电厂或化工厂现有的基础设施上，无须对其进行大规模改造；由于它是一套独立存在的装置，因此在不同情况下可以灵活处理，如果出现故障等，其他的工厂设备可以照常运行，当需求突然增加时，也可以通过临时减少 CO_2 排放来应急。

2. CO_2 的物理吸附

图 1－5 中给出了目前可供选择的 CO_2 吸附方法和技术，从图中可以看到，燃烧后吸附 CO_2 技术有化学吸附法（采用各种化学吸附剂对混合气体中的 CO_2 进行化学吸附，通过对中间产物加热等释放 CO_2，达到 CO_2 分离的目的）、物理吸附法（利用 CO_2 与其他气体在吸附剂中溶解度的差异，而达到 CO_2 分离的目的）、膜吸收分离法（根据气体分子具备不同渗透率的原理进行 CO_2 分离）、低温分馏法（根

据气体中各组分沸点不同,各自进行分馏和收集)等。

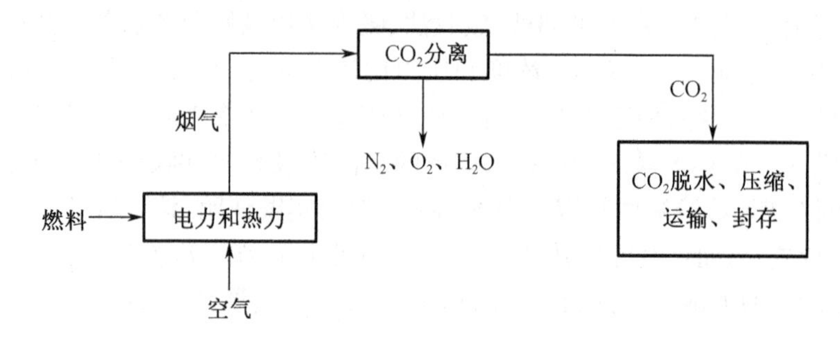

图 1-4 二氧化碳的燃烧后吸附过程

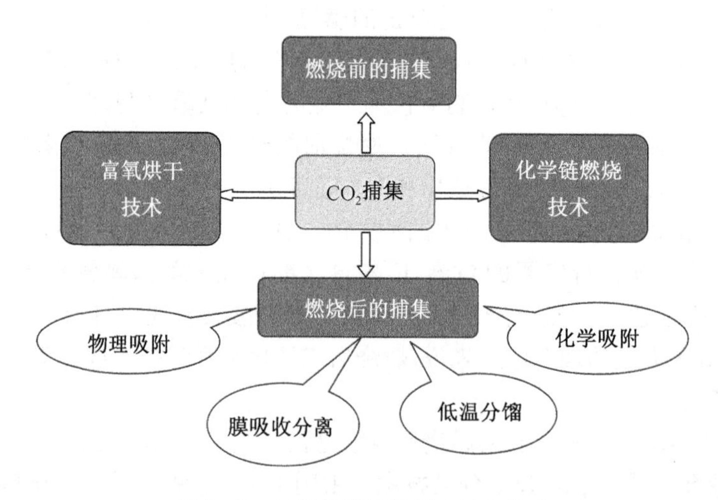

图 1-5　二氧化碳的吸附方法和技术

其中,膜分吸收离技术正处于发展阶段,但却是公认的在能耗和设备紧凑性方面具有非常大潜力的技术。化学吸附法早期应用广泛,当前已运行的厂商,其烟道气的 CO_2 吸附几乎都采用了这种方法,其优点是吸附效率高、CO_2 回收率高、处理条件简单。例如 Liu 等在 20 ~ 40 ℃下,用浓度为 5% 的氨水能达到 90% 的 CO_2 吸附率;其缺点是流程长、能耗高、设备腐蚀严重、运行费用高,且溶剂再生时,需要加热分离等操作,能耗损失很大。此外,CO_2 吸附量受化学吸附剂的量的限制,无法做到持续吸附。物理吸附法与化学吸附法有着本质的区别。相对于化学吸附所使用的溶液,物理吸附所使用的固体吸附剂有着操作相对简单、能耗低、吸附剂易于再生等突出优点,在 CO_2 吸附中被广泛应用。因此,物理吸附法(变温或变压吸附)最具适用性和发展潜力。

经过多年的研究,西安热工研究院有限公司成功开发了燃煤电厂烟气 CO_2 燃烧后的吸附处理技术。该技术针对燃煤电厂烟气中 CO_2 浓度低、O_2 浓度高、粉尘多等特点，采用“燃烧后的吸附”中化学吸附法进行 CO_2 的处理：主要采用化学溶剂吸附烟气中的 CO_2；同时通过溶液加热，使 CO_2 从化学溶剂中解析出来，从而获得较高浓度的 CO_2，形成一个循环使用的系统。可见，普通烟气的压力小、体积大，CO_2 浓度低，而且含有大量的 N_2，因此吸附系统庞大，且耗费大量的能源，这是当前燃烧后的吸附技术中面临的难题，而吸附剂的选择是解决这一技术难题的关键。

物理吸附法主要由吸附质和吸附剂分子间的范德华力（别称范氏力）所决定，因此物理吸附也称为范德华吸附。由于范式力属于较弱的分子间作用力，吸附热较小，导致物理吸附法反应过程可逆，吸附和解吸速度也都较快。因此，影响物理吸附的主要因素包括吸附剂和接触面积大小，吸附质的性质、浓度、反应温度、压力等。例如，活性炭材料化学性质稳定，比表面积较大，广泛用于气体的物理吸附分离中，对于沸点高的气体易吸附，沸点低的气体较难吸附，且已被吸附的气体分子在性质上不发生变化。CO_2 物理吸附分离的过程中，CO_2 与吸附剂并不发生化学反应，且 CO_2 在所选的吸附剂中的溶解度必须较其他气体大。因此，物理吸附主要考虑混合气体中各种气体分子在不同温度和压力条件下，对于不同吸附剂的溶解度。根据亨利定律，气体在加压条件下，溶解度增大，因而物理吸收法通常应用于混合气体中各组分的气体分子分压较高的场合，通过加压可以得到浓度较高的溶液。同时，由于物理吸附是可逆的过程，通常通过减压或升温的方式，可以使溶质从吸附剂溶液中析出，因此该方法一般选用高沸点的吸附剂，如甲醇聚乙二醇、N－甲基吡咯烷酮等，以避免溶剂蒸汽外泄而造成二次污染。

目前，物理吸附法在医学加工、石油化工、环境工程等领域都应用广泛，特别是在气、液体的干燥，气体分离，油品脱色等方面有独特的优势。物理吸附法在石油化工等多相催化中有特殊意义，利用其原理，测定、比较催化剂的比表面积、孔结构分布、反应活性，在提高催化剂的再生性能、选择催化剂的载体及改善反应条件等方面有着重要意义。当前，全球大多数的 CO_2 排放都是燃烧后被吸附，而吸附到的高浓度 CO_2 不仅可再次应用于尿素、甲醇、醋酸、合成气等制造方面；也可以将 CO_2 气体通过地质封存、海洋封存、矿石碳化、森林和陆地生态系统封存及藻类生物固碳等方法，使其在相当长的时间内与空气隔绝，达到 CO_2 减排的目的，降低温室效应。

1.3.1　材料对 CO_2 吸附性能的影响

由此可见，物理吸附法是目前最具适用性和发展潜力的 CO_2 吸附方法，其关键是吸附剂的选择。图 1－6 总结了目前常用的 CO_2 固体吸附剂材料的特点。

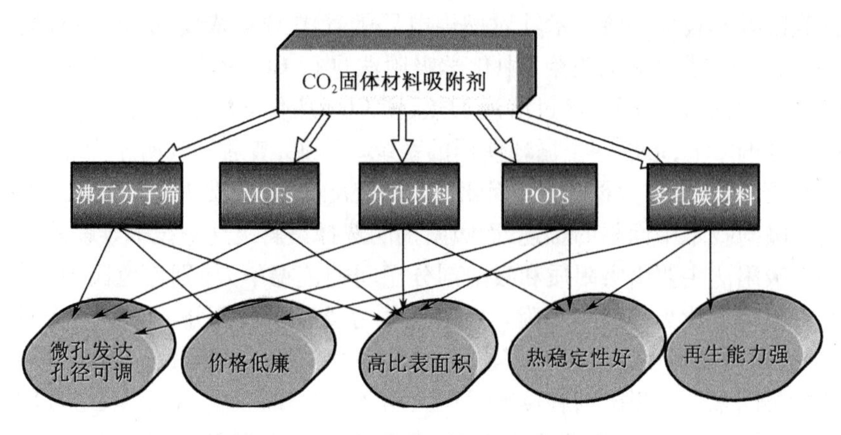

图 1－6　二氧化碳固体吸附剂的特点

可见,就单一多孔固体而言,由于自身结构及化学性质等方面的局限性,很难同时兼具吸附容量高、结构稳定、循环稳定性好、选择性及再生能力强等多种高性能。各类固体材料吸附剂在结构设计及性能应用方面具有突出优势:如沸石分子筛的微孔发达而且价格低廉;MOFs 的杂化骨架结构良好而且比表面积高;POPs 的共价骨架结构和低压高选择性;以及有机胺同介孔材料的思想,对新材料的合成均有很好的借鉴意义。比较而言,多孔炭材料具有良好的化学及热稳定性,使其可应用于酸、碱、水汽等复杂环境,而且孔结构发达,在吸附 CO_2 的过程中表现出较高的吸附性能。此外,多孔炭材料在低分压时表现出与大多数 MOFs 材料相当甚至更优的吸附性能,常温下,通过惰性气体吹扫即可实现循环再生、重复使用。因此,多孔炭材料在 CO_2 吸附分离方面的研究正日益受到人们关注。

1.3.2　炭材料对 CO_2 吸附性能的影响

对 CO_2 的吸收主要是多孔性炭材料(图 1－7)。多孔炭材料具有独特的空隙结构及大的比表面积,是一种吸附能力强,化学稳定性以及机械稳定性高的材料,广泛应用于气体分离与水净化、催化剂载体以及电化学的超级电容器和燃料电池。根据国际纯粹和应用化学联合会的定义,多孔材料根据孔径的大小可分为三类:孔径小于 2 nm 的为微孔材料,比如活性炭、微孔炭、分子炭;孔径大于50 nm 的为大孔材料,包括气凝胶等;孔径介于 2～50 nm 的定义为介孔材料。

多孔炭材料的制备方法比较多,如化学活化、物理活化、化学活化和物理活化相结合、高温碳化可碳化或可裂解的聚、物碳化和超临界干燥条件合成的有机气凝胶和模板法制备等。通过以上方法可以制备各种多孔炭材料,孔径统一的多孔炭材料主要通过模板法合成。

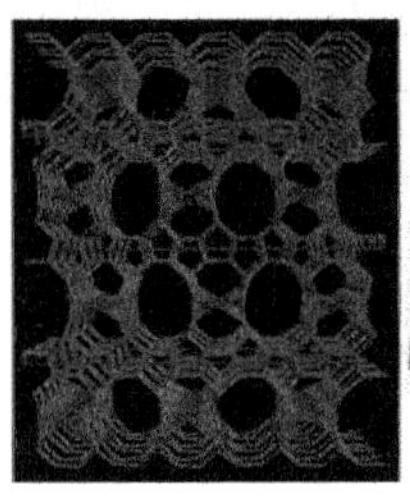
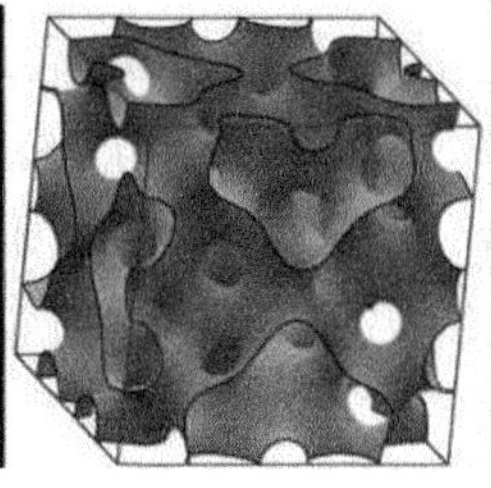
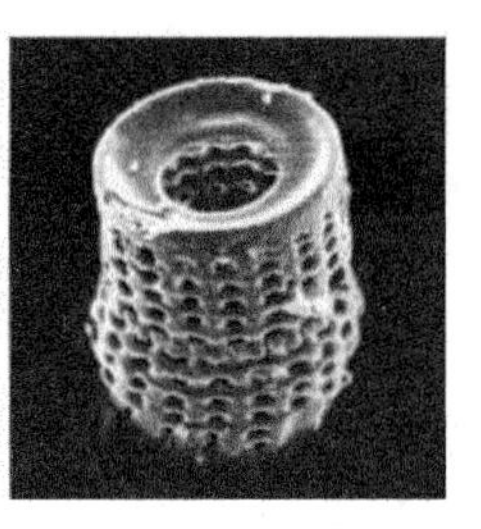

图1-7　多孔性炭材料

多孔炭材料具有独特的空隙结构和较高的比表面积(图1-7),由于结构稳定和化学性质稳定,常用作净化水质、催化剂载体、燃料电池及电化学电池的超级电容器。炭材料的孔结构特点与其制备方法和改性处理密切相关,因此,研究者往往通过改变制备方法及改性处理来调控其孔结构。下面介绍几种常用的炭材料。

1. 半焦的结构研究

半焦又称兰炭,是煤在较低温度下热解的产物,如果热解温度继续升高到700 ℃左右,半焦会继续分解,产生大量的气体产物,残留部分不断收缩,形成焦炭。半焦未热解完全,具有一定的孔结构,但未改性的半焦的吸附能力不及普通活性炭,且由于半焦中较高的灰分含量使其应用范围受到诸多限制,需要对其进行物理、化学改性和脱灰处理以提高其性能。

半焦的孔隙结构是其物理结构的主要表征,半焦的许多物理性质尤其是吸附脱附特性很大程度上取决于煤的孔隙结构。半焦的孔隙结构一般用孔隙率、比表面积、孔隙体积、孔径、孔比表面积等来表征。孔隙率一般是通过煤的真假密度来计算。研究表明,原煤的孔隙率是随煤化程度的变化呈上开口的凹形曲线,在含炭量中等时孔隙率最低。测定煤比表面积的常用方法是吸附法,CO_2 能很快地进入微孔达到平衡。半焦的比表面积因煤样和测量方法的不同通常在几十到几百不等。压汞法和气体吸附法是测定孔径及孔径分布的主要方法,近年来采用小角射线散射法也日益增多,原因是该方法对封闭的死孔同样有效,同时也不必担心吸附介质与样品之间可能发生的化学反应。根据孔径大小,半焦的孔径一般定义为大孔、中孔、微孔。需要特别指出的是,当用气体吸附法测定比表面积、孔径及孔径分布时,不同的数据处理方法常常有一定的差别,邱介山等采用模型测得孔径与比表面积之间的关联式。半焦的孔隙结构和形态在很大程度上是由半焦的内部化学组成所决定的。有资料显示,半焦的孔隙率随原煤煤化程度提高而迅速降低,半焦酸洗后总孔体积有所增大。煤的氮气吸附比表面积在碳含量低于50%时较大,而碳含量不在此范围的绝大多数煤的氮气吸附比表面积较小,煤和半焦酸洗后比表面积将发生变化,但变化的规律与煤阶和灰分含量究竟有多大联系,目前还不是很清楚。

半焦的活化分为物理活化和化学活化法。物理活化是利用活性气体在较高温度下进行的炭的弱氧化作用,使半焦孔径疏通,进而扩大发展。半焦的活化反应过程实际上是一个氧化过程,即通过含氧介质与半焦中的炭生成某种盐或气体,当这些物质被清洗掉或移除时,就可形成适宜的孔结构和表面组织。化学活化法是把一些化学药品混进或浸渍进半焦中,然后在一定温度下活化,以对半焦表面进行改性。目前使用较多的是硝酸及其盐类,担载金属以铜为主。由于半焦比表面积往往较低,所以目前许多研究都倾向于将两种活化方法结合来提高半焦的活性。半焦可以采用水蒸气活化、二氧化碳活化、氧气活化、氯化锌活化和碱活化等方法。

由于未完全热解,半焦内部含有较多的氧和氢,对其改性提供了良好的条件。无论煤热解半焦还是工业半焦,在用于吸附剂之前均须进行活化以提高其吸附性能。目前的半焦改性活化技术主要为物理活化及化学活化。

2. 活性炭材料结构研究

活性炭制备过程中所使用的原材料不同,其产物的孔结构特征也不同。活性炭的制备可选取的原材料范围很广,主要有煤等高碳化石原料、生物质和其他工业的含碳有机废弃物等。如壳类的原材料灰分含量低,具有较高机械强度,更为重要的是具有有利于形成发达微孔结构的天然结构,其所制备的活性炭往往孔隙较为发达。Plaza 等使用杏仁壳为原料制备了活性炭,并测试了该活性炭对 CO_2 的吸附性能。结果表明,活化后的杏仁壳基活性炭孔容大大提高,尤其是微孔孔容;在纯 CO_2 中的吸附容量可达到 11.7%,在 15 % CO_2 的混合气体体系中的 CO_2 吸附量达到 5.2%。Xie 等选取国内不同煤化程度的典型煤种制备活性炭发现:活性炭的比表面(SBET)随着煤化程度(Cdaf)的升高而升高;平均孔径则随着煤化程度的升高而下降。高变质的无烟煤制备的活性炭具有更理想的微孔结构,推测具有更好的 CO_2 的吸附性能。Lee 等采用无烟煤制备活性炭,研究预处理及活化条件对活性炭结构的影响。研究发现,对无烟煤进行粉碎预处理后,所制备活性炭比表面积更小,但微孔孔容更大;随着活化温度的升高,微孔孔容呈下降趋势;CO_2 活化气氛下得到的活性炭平均孔径在 20 Å,相对于空气气氛下活化显示出了更小的孔隙结构和更好的吸附性能。

活性炭表面化学结构主要由化学官能团、化合物和表面杂原子所决定。通过对其表面结构的调控,可以改变活性炭的表面酸碱性、亲水性、表面吸附性及催化性能等。目前活性炭表面化学改性的方法主要有氧化还原改性、酸碱改性、负载金属改性、微波法等。王重庆等用 H_2O_2 和 HNO_3加醋酸铜溶液对活性炭进行氧化改性,结果表明:活性炭经过改性后,其表面的酸性官能团数量提高,并且活性炭的表面极性发生了变化,从而提高了 CO_2 的吸附量。Wickramaratne 等通过 KOH 活化法，制备出了以树脂为前体物的活性炭。在一定的温度及压力下，CO_2 的吸附量显著提高。Klinik 等通过负载 Co、Mn、V 和 Ni 等金属化合物进行活性炭的改性并用于脱除 SO_2 的研究，结果表明：改性后的活性炭表面生成了 $Co(OH)_2$、MnO_2、V_2O_3 和 $Ni(OH)_2$ 等微晶，使活性炭吸附能力增强。因此，对活性炭表面进行改性可以改变其表面的化学性质，提高材料的性能。

3. 活性炭在 CO_2 吸附中的研究

多孔炭材料因其孔结构发达、吸附性能强等优点，被广泛用作高效吸附剂等，其对吸附质的去除主要通过两相之间吸附质的转移过程来实现。近年来，研究者还对碳材料进行多孔性改性来提高 CO_2 的吸附和分离性能。Madzaki 等采用木屑为炭源，制备成多孔性炭材料，对 CO_2 有较高的吸附性能。改变操作条件也能改进碳材料对 CO_2 的吸附，在实际的应用中，需要进一步对碳材料进行处理来提高对 CO_2 的吸附。Nguyen 等采用 Fe、Co、Ni 来修饰炭纳米管（CNT）来吸收 CO_2 气体，结果表明，经过 Ni 改性后的 Ni－CNT 有较强的 CO_2 吸附性能。

目前，计算机辅助分子模拟技术已被成功应用于活性炭材料的结构调控和表面改性研究中。分子模拟技术可以构建材料的分子结构模型，了解其三维立体结构，并对其可能的性质进行预测。目前，通过结构设计来实现对多孔炭材料孔结构调控的研究鲜有报道。王会民采用巨正则系统的 MonteCarlo 模拟（GCMC）研究了 CO_2 和 CH_4 在活性炭中的吸附情况，研究了压力、温度、活性炭孔径对 CO_2（以 CH_4 为基准）选择性的影响。结果表明，低压、低温时，孔径越小，选择性越大，即对分离 CO_2 和 CH_4 越有利；低压下选择性最好。

虽然这些工作只是从理论上考察孔结构特征对吸附的影响，但是，这也启示我们，是否可以通过对目标产物的孔结构与表面化学结构进行预先设计，使目标产物满足应用需求，然后通过对原材料的结构认识与计算，设计获得目标产物的工艺路线，实现“产物设计—工艺路径选择—原材料结构与性质”这样的多孔炭材料设计制备方法。例如，为模拟研究烟气脱汞的活性炭，Kotdawala 等采用分析模拟法研究活性炭上的物理吸附过程，来研究 $HgCl_2$ 表面官能团对吸附过程的影响。研究结果表明：官能团对 $HgCl_2$ 吸附是偶极作用的结果，它能提高羟基含量，并且提高了活性炭的吸附量。Li 等研究活性炭上的官能团在吸附法去除有机氮时，发现较多的羧基和少量的酸酐存留在表面时效果明显。按照上述思路改性得到的活性炭吸附量较改性前提高了 3 倍。孙文晶运用 DFT 方法模拟 CO_2 分子在活性炭表面的吸附行为，构建并优化了含氧官能团覆盖的活性炭构型，包括羰基化的活性炭结构以及羟基化的活性炭结构。研究表明 CO_2 与羟基化的活性炭表面的相互作用更高，而羰基化的活性炭则不利于 CO_2 吸附，进一步的研究结果表明，活性炭表面的羟基中的氢原子易于与 CO_2 形成氢键，可以提高 CO_2 气体在活性炭表面的吸附能力。

可见，多孔炭材料通过设计和改性后，具有优良的化学结构及热稳定性，其发达比表面积及孔结构，在吸附 CO_2 的过程中表现出良好吸附性能，使其在 CO_2 的吸附研究中有着很好的发展前景。同时，其也存在如下缺陷：吸附容量有限，短时间即可达吸附容量饱和而失效，易成为二次污染源；吸附饱和失效多孔炭须进行无害化再生处理。因此，功能多孔炭的制备和发展，如光催化功能多孔炭是从根本上解决上述问题的有效途径。

1.3.3 其他方面的影响

除了材料对 CO_2 的吸附分离有重要影响，其他工艺条件同样对吸附效率有一定影响。根据 CO_2 吸附过程中操作流程的不同，将 CO_2 固体吸附技术分为变压吸附（Pressure Swing Adsorption，PSA）、变温吸附（Temperature Swing Adsorption，TSA）和变压变温耦合吸附（Pressure Temperature Swing Adsorption，PTSA）。

1. 变压吸附（PSA）

变压吸附是通过吸附剂在不同气体分压下有不同的吸附量，从而在高压下吸附，低压下解吸，使用多个吸附塔同时操作的连续循环过程。

2. 变温吸附（TSA）

变温吸附是压力不变，通过调节温度使不同吸附气体在吸附剂表面进行吸附、解吸的过程。通常利用多个吸附塔周期性温度变化，使其进行连续循环操作。

3. 变压变温耦合吸附（PTSA）

变压变温耦合吸附就是将变压吸附和变温吸附相结合，最大程度地利用两者过程中的能量变化，可以在较低温度下和较短时间内对吸附材料进行解吸再生，并且能使吸附剂解吸得更彻底。同时，变压变温耦合吸附大大降低了吸附剂在变温吸附过程中由于高温可能破坏吸附位点的风险。

总的来说，变压吸附能够很好地保护吸附剂，使吸附剂使用寿命增长，循环周期缩短；但其不能将 CO_2 气体完全解吸。变温吸附可以更好地形成脱附，但是会对吸附剂的吸附位点造成烧结，从而使吸附剂使用寿命大大减短。而变压变温耦合吸附完美地利用了两者的优点，能够在较温和的条件下对吸附剂形成完全再生，并且相比变压吸附的循环时间更短。所以，变压变温耦合吸附工艺逐渐成为目前吸附领域的主流。

1.3.4 CO_2 吸附分离与转化应用

研究表明，CO_2 是一种具有温室效应的酸性气体，但同时，CO_2 在工业中应用广泛，是制造碳酸饮料、醋酸等化工产品的重要原料，也可用于强化石油、强化煤层气开采等重要领域。如何有效地将废气中的 CO_2 吸附分离、回收利用，使之变废为宝已成为一个热门研究课题。

图1－8是目前国内外的 CO_2 回收利用状况。从图1－8中看到,发达国家吸附后的 CO_2 几乎全部回收利用,大部分用于生产化学品和其他工业产品,而我国吸附后的 CO_2 几乎都用于油田采油及封存试验,在其他方面的应用几乎没有产业化。同时,由于我国的吸附分离主要针对燃煤电厂、石化工厂等烟道气,存在吸附成本高、能耗大的问题。因此,寻找一条能耗低、具有更多附加值的 CO_2 开发利用途径十分必要。

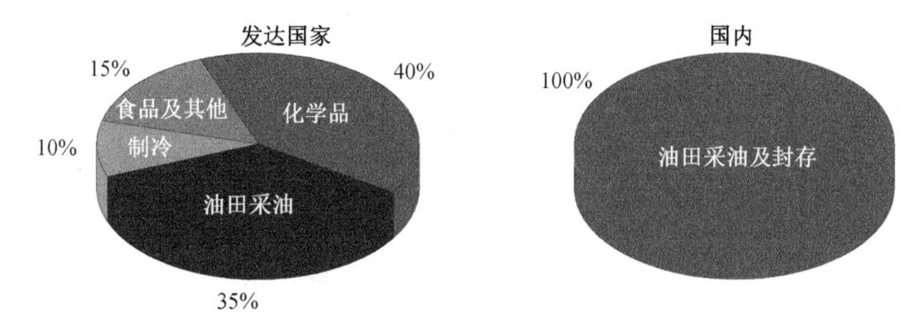

图1－8 CO_2 回收利用现状

经过研究发现,光催化还原 CO_2 的研究是实现 CO_2 减排、再利用的最有效途径之一。图1－9为 CO_2 光催化再生循环利用图,从图中可以看到,通过 CO_2 的光催化转化,可以达到能源消耗与能源再生利用的可持续循环。太阳能驱动减少二氧化碳合成原料是解决能源和二氧化碳排放问题的一个有前景的策略。尽管进行了大量的研究,但由于 CO_2 的键能大,还原产物的多样性,实现高效、高选择性的 CO_2 还原仍然是一个巨大的挑战。除了光催化水裂解等光捕获和电荷转移的控制,催化活性位点的设计对于提高 CO_2 还原活性和选择性(例如C—C偶联)非常重要。事实上,我们可以从传统的 CO_2 加氢和合成气转化中学习到很多活性场所的设计。在本书后几章中,我们将梳理现有常规 CO_x 加氢研究的规律,设计高效、高选择性光催化还原 CO_2 的催化活性位点,形成高附加值产品。

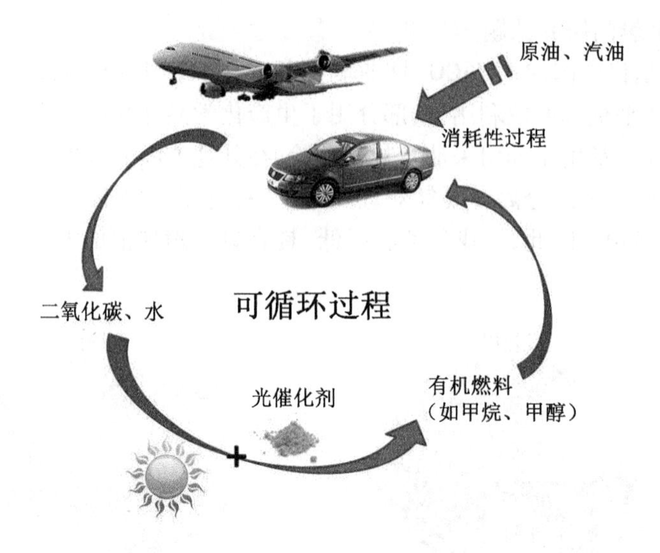

图1-9　二氧化碳光催化再生循环利用图

1.4　CO_2 的催化转化研究

通过催化反应可以将二氧化碳转化为燃料和有价值的化学品，为减少大气中的二氧化碳含量提供一个有希望的办法，更重要的是，开辟了形成人工碳循环的可能性。这样的碳循环使人类能够持续使用碳基资源，每天消耗的燃料和化学品都会释放出一定数量的二氧化碳，但是催化转化可以将二氧化碳回收为有用的碳资源。类似地，基于水分解的概念，有人提出了 H_2 和 H_2O 之间的氢气循环以实现氢气经济。考虑到人类对碳资源的需求，利用碳循环进行二氧化碳利用将成为与氢经济并行的一个非常重要的系统。

近二十年来，人们对 CO_2 的热催化、光催化和电催化等催化转化方面的发展付出了巨大的努力。C_1 产品（CO、CH_4、CH_3OH）的选择性生产在很大程度上可以实现，而多碳产品的形成成为该研究领域的一大挑战。

在 CO_2 热催化研究中，加氢成为最广泛的应用。1999 年的一份早期报告表明，碱性氧化物载体可以促进 CO_2 光催化转化为 C_1C_3 产物，而酸性氧化物载体热催化剂对 C_1 产物的选择性更强。具体来说，碱性 MgO 载体体系优先形成 C_1C_3 化合物，包括 C_2H_5OH 和 C_2H_6，与酸性 Al_2O_3 和 SiO_2 载体形成鲜明对比（图 1-10(b)）。直观地看，基础载体可以促进 CO_2 分子的质量输运到催化剂表面，增加 CC 偶联的概率。通过增强 CO_2 的质量输送和吸附而得到多碳产物（如 C_2H_5OH、CH_3COOH、H_2C_2O4）的类似情况包括与分子筛、碱性 CeO_2、$Ni(OH)_2$、氧化还原石墨烯

(rGO)的结合。除了 CO_2 反应物,反应中间体也可以被启动子操纵。碱金属是一种典型的促进剂,广泛应用于热催化中,它也应用于光催化二氧化碳还原。Hoffmann 课题组研究发现,钛酸钠纳米管中的 Na^+ 不仅增强了向 CO_2 的电子转移,而且是稳定 CO_2 中间体的结合位点。因此,促进 C—C 链的生长,促进生成包括 CH_4、C_2H_6、C_3H_8、C_2H_4 和 C_3H_6 的 C_1C_3 烃类。在另一个优秀的实验案例中,Nafion 层实现了 CO_2 还原中间体的稳定。Nafion 层是一种广泛应用于电催化的材料,它被重新发明为光催化 CO_2 转化的促进剂。如图 1-10(c)所示,Nafion 层增强了 TiO_2 光催化剂表面附近的局部质子活性,从而促进了质子偶联多电子转移(PCET)过程,不再需要克服 CO_2 的高度负的单电子还原势。此外,CO_2 还原的中间体可以稳定在 Nafion 层内,促进中间体向最终产物的连续电子转移。因此,Nafion 层增强了 Pd-TiO_2 光催化剂上 C_2H_6 和 C_3H_8 的生成(图 1-10(d))。

传统的催化观点认为,具有表面活性位点的反应物和中间体之间的相互作用很大程度上决定了催化活性和选择性。这种相互作用包括反应物和中间体与催化剂表面的结合。由于催化过程也涉及光催化系统,CO_2 分子的吸附和活化是调节催化 CO_2 转化的活性和选择性的关键。CO_2 的反应动力学问题表明了合理设计催化活性位点的重要性,热催化 CO_2 加氢可以提供一些参考。与分子吸附活化相关的质运是一个确定能到达催化剂表面参与吸附活化的分子数量的过程,也应予以重视。CO_2 在水中的溶解度在 25 ℃、1atm(1 atm = 101 325 Pa)下低至 0.033 mol/L,限制了 CO_2 分子从气相向催化剂表面的扩散。因此,H_2O 还原为 H_2,特别是在液相中,在动力学上更有利,是与 CO_2 还原的主要竞争反应。为了解决 CO_2 的扩散、吸附和活化问题,我们研究了扩大表面积、控制化学成分、增强碱性位点、利用亲水性和 pH 值等多种策略。

目前为止,降低二氧化碳的反应体系能量的反应机制被大量提出,其中主流的三种途径是甲醛途径、碳本途径和乙二醛途径。甲醛途径(图 1-11(b))包括 CO_2 自由基与两个质子交替结合形成甲酸,甲酸通过交替接受两个质子,由二羟甲基进一步演化为甲醛。通过这一途径可以通过甲基生成甲醇和甲烷。碳本途径(图 1-11(c))是 CO_2 自由基与质子发生反应,断开 CO 键,形成 CO。如果催化剂吸附强度适中,CO 会不断吸收电子和质子,还原为碳自由基,再还原为碳本。甲醇或甲烷可以通过这个途径通过甲基生成,这取决于甲基是否与质子或羟基重新结合。甲醛途径和碳本途径都需要一个氧原子攻击二氧化碳中的一个氢原子;唯一的区别在于,在二氧化碳中,氢原子和氧原子的结合会立即破坏碳本途径中的一个 CO 键。这种氧原子对 CO_2 的选择性攻击在碳配位或混合配位模式下更容易实现,因为碳原子在催化剂表面的稳定在很大程度上阻碍了其氢化。在前两种途径中,C—C 耦合可能是允许的,只有当所涉及的中间自由基可以稳定在催化剂上,以防止它们与氢原子的重新结合。相比之下,图 1－11(d)中乙二醛途径更多地涉及 C_2 化合物在 CO_2 的减排过程中。在这个过程中,CO_2 自由基与一个质子反应生成甲酸双齿酯,然后再与另一个质子重新结合形成甲酸单齿模式。由于电子转移和氧转移,产生了自由基 HCO。这种自由基倾向于彼此二聚产生乙二醛,乙二醛可演变成其他 C_2 产物,如乙醛。为了选择性地攻击 CO_2 中的碳原子形成甲酸双齿,CO_2 分子应通过氧配位以双齿方式结合在催化剂表面。

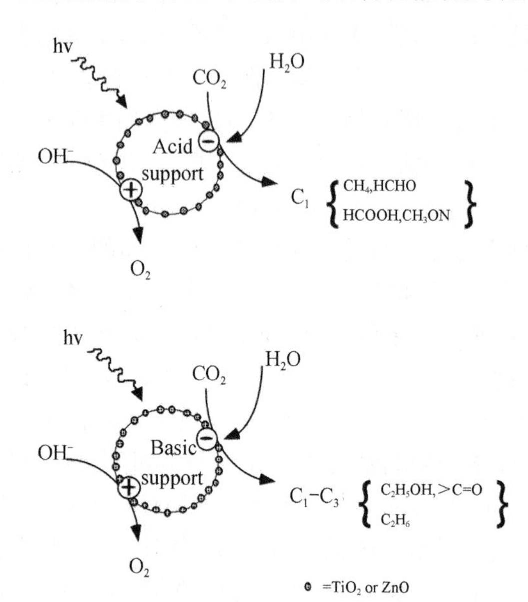

(a) 在酸性和碱性氧化物负载的催化剂上光催化还原 CO_2 过程

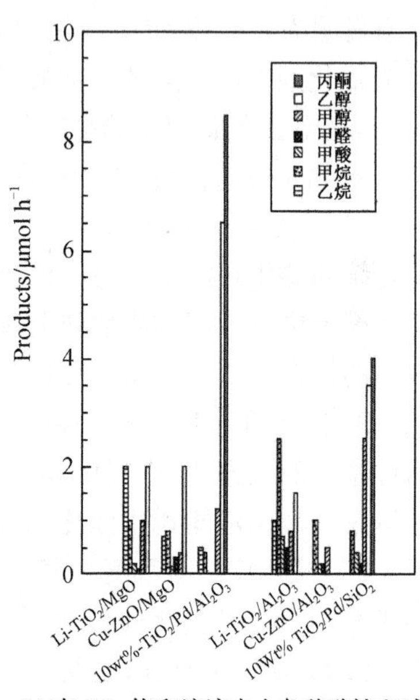

(b) 在 CO_2 饱和溶液中由各种酸性和碱性负载氧化物获得的 CO_2 光催化还原产物

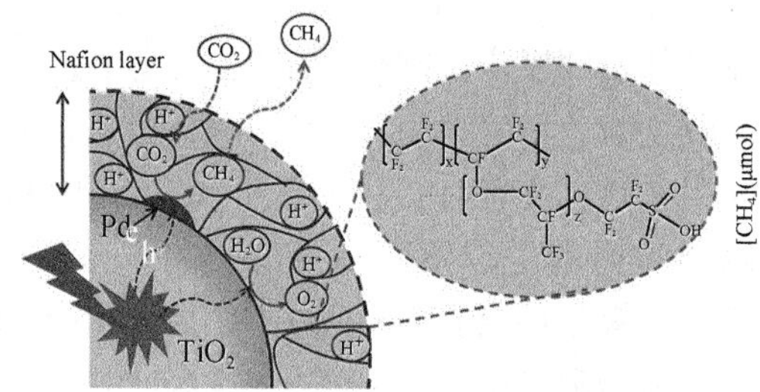

(c)Nafion/Pd-TiO_2 纳米颗粒在光诱导下将二氧化碳转化为碳氢化合物

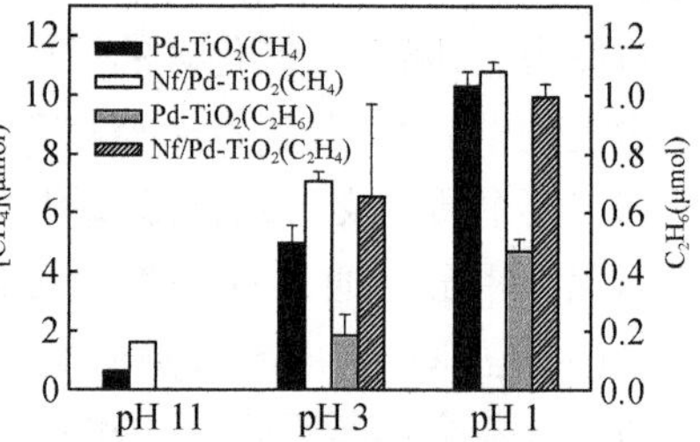

(d) Pd-TiO_2 和 Nafion/Pd-TiO_2 在不同 pH 值条件下的甲烷和乙烷产量

图 1－10

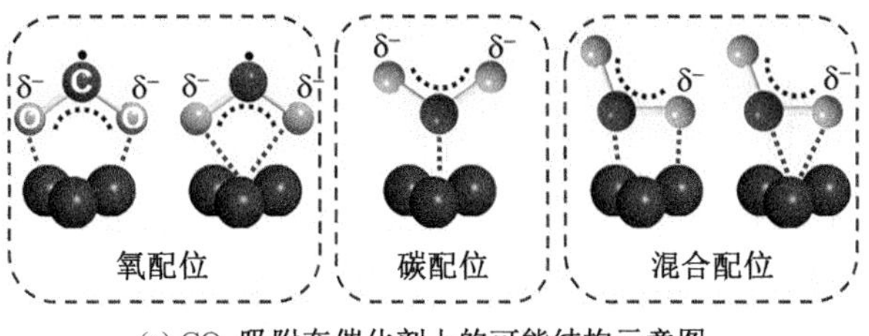

(a) CO_2 吸附在催化剂上的可能结构示意图

$$\mathrm{O{=}O{=}O \xrightarrow{e^-} [O{=}\dot{O}{=}O^-] \xrightarrow{H^+} O{=}\dot{C}{=}OH \xrightarrow{e^-+H^+} O{=}\underset{}{C}(H){-}OH}$$

$$\mathrm{\xrightarrow{e^-+H^+} HO{-}\dot{C}(H){-}OH \xrightarrow{e^-+H^+} [H{-}C(H){-}O] + H_2O \xrightarrow{e^-} H{-}\dot{C}(H){-}O^-}$$

$$\mathrm{\xrightarrow{e^-+H^+} H{-}\dot{C}(H){-}OH \xrightarrow{e^-+H^+} CH_3{-}OH \xrightarrow{e^-+H^+} \cdot CH_3 + H_2O \xrightarrow{e^-+H^+} CH_4}$$

(b) 甲醛途径

$$\mathrm{O{=}O{=}O \xrightarrow{e^-} [O{=}\dot{O}{-}O^-] \xrightarrow{e^-+H^+} CO + OH^- \xrightarrow{e^-} \dot{C}O^-}$$

$$\mathrm{\xrightarrow{e^-+H^+} :C: + OH^- \xrightarrow{e^-+H^+} :\dot{C}H \xrightarrow{e^-+H^+} [:CH_2] \xrightarrow{e^-+H^+} \dot{C}H_3 \begin{cases} \xrightarrow{e^-+H^+} CH_4 \\ \xrightarrow{OH^-} CH_3OH \end{cases}}$$

(c) 碳本途径

$$\mathrm{O{=}O{=}O \xrightarrow{e^-} [O{=}\dot{O}{=}O^-] \xrightarrow{e^-+H^+} :O{\cdots}C(H){\cdots}O^- \xrightarrow{H^+} :O{=}C(H){-}OH}$$

$$\mathrm{\xrightarrow{e^-} O{=}C(H){\cdot} + OH^-_{ads} \xrightarrow{dimerization} [H{-}C({=}O){-}C({=}O){-}H] \xrightarrow{e^-+H^+}}$$

$$\mathrm{HO{-}\dot{C}H{-}C({=}O)H \xrightarrow{e^-+H^+} HO{-}CH_2{-}C({=}O)H \xrightarrow{e^-+H^+} \cdot CH_2{-}C({=}O)H + H_2O}$$

$$\mathrm{\xrightarrow{e^-+H^+} CH_3{-}C({=}O)H \xrightarrow{h^+} CH_3{-}\dot{C}{=}O + H^+ \longrightarrow \cdot CH_3 + CO \xrightarrow{e^-+H^+} CH_4}$$

(d) 乙二醛途径降低二氧化碳

图1-11

总的来说，现有的 CO_2 吸附和还原机理表明，CO_2 分子的吸附方式在很大程度上决定了其反应途径，进而决定了最终碳产物的分布。此外，CO 是碳烯途径的关键中间体，如果不期望 CO 产物停止反应，其在催化剂表面的活化也应引起我们的注意。从传统催化的角度来看，设计能合理调整元素类型、电子密度、原子排列等因素的催化活性位点是调节分子吸附和活化的最通用工具。经过长年的艰苦努力和科学研究，CO_2 的催化转化取得了良好的发展，但在反应活性特别是产物选择性方面仍存在瓶颈。从热催化 CO_2 加氢到合成气转化，再到光电催化中催化剂活性位点的设计，二氧化碳的催化转化领域，通过实例分析，我们从已有的催化研究成果中获得了许多不同的催化剂设计参数和反应机理（如中间体），为二氧化碳的催化转化的设计提供了一个庞大的数据库。因此，如何从系统工程的角度对信息进行整理，是一个现实的问题。机器学习已经在一些不同的材料科学领域得到了证明，它应该很适合帮助研究团体完成材料筛选。

与 CO_2 热催化和点催化相比较，在实现人工碳循环方面，光催化二氧化碳转化技术为我们描绘了一幅实现这一目标的美丽蓝图。一方面，该技术利用无处不在的太阳能将二氧化碳转化为燃料和化学品，而水作为提供氢的原料，有着绿色环保的重要意义。另一方面，该研究领域在实际应用上仍面临着巨大的挑战，主要涉及反应活性和产物选择性。CO_2 是最稳定、化学活性最强的分子之一，具有线性几何结构，因此 C—O 键的断裂需要大量的能量输入来反应活性。C—O 键的断裂应该形成 C—H 和 C—C 键，在此过程中，反应步骤的竞争决定了最终产物的选择性。与光催化所遇到的瓶颈相比，传统的 CO_2 催化加氢虽然需要热能和氢气的投入，但在过去的十年中取得了很大的进展（相对较高的周转率、吨数和产品选择性）。从光催化和热催化的比较中，自然会产生一个问题：为什么光催化 CO_2 转化在反应活性和选择性方面还没有达到传统 CO_2 加氢的水平？尽管主要区别在于，热催化涉及相对较高的温度和压力来促进 C—O 键的裂解，但我们必须认识到光催化二氧化碳转化体系的复杂性，这是其他体系以前从未遇到过的。光催化 CO_2 转化经历入射光子吸收的三个典型步骤；电子空穴对的产生、分离和转移；表面二氧化碳分子的吸附、活化和转化。在光催化解水的研究之后，早期的研究工作主要集中在光采集、电荷分离和电荷能级上，与半导体密切相关，这已经被证明对其他光催化反应如解水的效率非常重要。然而，鉴于 CO_2 分子的独特特性，需要进一步努力设计与捕光半导体相结合的催化活性位点，在 C—O 键的裂解和新键的形成方面，捕光半导体是 CO_2 活化和转化的关键。从这个意义上说，我们必须回顾热催化系统中发生的不涉及光诱导电荷的产生和利用的表面反应，从而为分子的活化和转化提供重要信息。因此，我们可以从常规的 CO_2 加氢过程中了解 C—O 键的裂解、C—H 和 C—C 键的形成，甚至可以从合成气的转化中认识相关原理，因为 C—O 经常作为中间产物或产物参与光催化 CO_2 的转化。后面也将重点介绍 CO_2 光催化研究和实例分析。

1.5　CO_2 的光催化研究

光催化 CO_2 转化和利用是利用太阳能光电子激发半导体光催化材料产生光生电子－空穴，诱使氧化－还原反应，将 CO_2 和水蒸气合成碳氢燃料。这个方法的优点在于该过程在常温常压下进行，原料经济，直接利用太阳能，可真正实现碳材料的循环使用，被认为是目前最具前景的 CO_2 转化方法。

光催化还原 CO_2 和水蒸气实验是基于模拟植物的光合作用。绿色植物通过光的作用固定 CO_2 和水并将其转变为有机物，这为人工光合成还原 CO_2 提供了借鉴。如图1－12所示为植物光合作用过程示意图，植物光合作用过程中的重要参与者是叶绿素，它以太阳光为能量，把经由绿色植物气孔进入叶子内部的 CO_2 和由根部吸收的水转变成淀粉，同时释放 O_2。

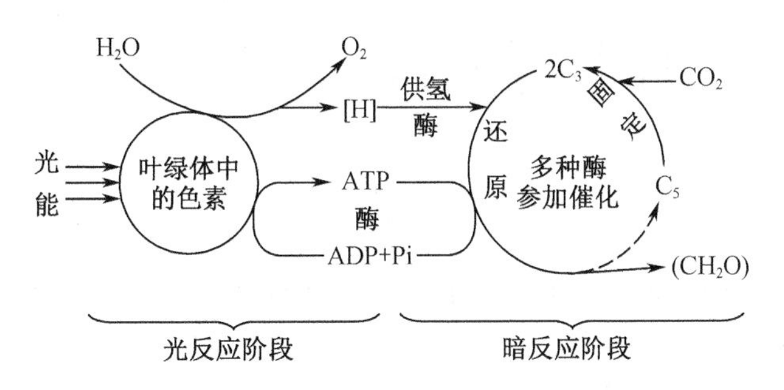

图1－12　植物光合作用过程示意图

1.5.1　CO_2 光催化反应机理

光催化反应是利用光能进行物质转化的一种方式，是光合物质之间相互作用的多种方式之一，是物质在光催化剂同时作用下进行的一种化学反应。典型的天然光催化反应就是植物的光合作用，使空气中的二氧化碳和水合成为氧气和碳水化合物。

如前所述，虽然对 CO_2 的处理技术研究比较多，如CCS技术，它是稳定大气浓度中二氧化碳含量组合技术中的一种方案，具有实现温室气体减排灵活性的发展潜力；但同时又存在额外的能量消耗较大等缺点，对生态的影响和安全性也使其发展受到限制。因此，CO_2 的光催化合成这种新技术，由于其安全无毒，且无二次污染等优点，越来越受到研究者们关注。CO_2 的光催化技术主要是利用光催化材料中受激发后产生的光生电子－空穴对，诱使 CO_2 发生氧化－还原反应，从而将 CO_2 和水蒸气还原，合成碳氢燃料等。光催化还原 CO_2 和水蒸气的实验原理是基于植物的光合作用进行的，绿色植物的光合作用是利用植物本身含有的叶绿素，它吸收太阳光，利用光能把进入植物内部的二氧化碳和水转变成淀粉和氧气，植物通过光的作用固定 CO_2 和水并将其转变为有机物，这为人工光合成还原 CO_2 提供了参考。

如图 1－13 所示为不同光的波长，CO_2 无法吸收波长为 200～900 nm 的紫外光和可见光，因此，人工光合作用最主要的问题就是解决光源和 CO_2 对光的吸收及利用效率的问题。寻找合适的光化学增感剂——光催化剂，成为该反应的关键问题，也是制约其发展的首要问题。二氧化碳的光催化还原被认为是目前最具发展前景的 CO_2 转化方法，它可以在常温常压下进行，甚至可以直接利用太阳能和可见光，在绿色环保、无二次污染的情况下实现碳循环。

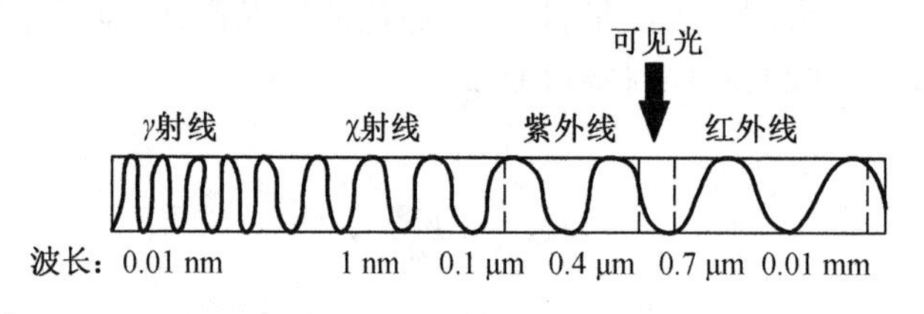

图 1－13　不同光的波长

自 20 世纪 70 年代，日本科学家首次发现 TiO_2 作为半导体材料具有光催化活性以来，围绕着人工光合成还原 CO_2 的实验被反复研究。实验表明，光催化还原 CO_2 的过程实质上是在光诱导下发生的氧化－还原反应过程。它包含两个基本过程：第一阶段发生的反应是 CO_2 吸附在光催化材料的活性位点上，第二阶段是 CO_2 与光生电子－空穴之间的光催化转化过程。半导体材料——光催化剂（如金属氧化物 TiO_2、WO_3、ZnO、CdO 和硫化物 ZnS、CdS 等）在光催化还原 CO_2 的反应中扮演着重要角色，它类似于绿色植物中的叶绿素，通过光能的激发产生并分离电子－空穴对，其电子的激发和传递过程与植物光合作用的过程类似。可见，光能作为人工光催化合成反应过程，即氧化－还原反应的最初驱动力，其能量的大小必须等于或大于光催化剂的禁带宽度，如此，光催化剂在受到高于其本身禁带宽度的光辐照时，晶体内的电子才能从价带跃迁到导带，并在导带和价带分别形成自由电子和空穴，从催化剂的内部跃迁至催化剂表面。对于光催化剂而言，光生载流子的能量则取决于其本身的导带和价带的位置。

CO_2 分子在热力学上属于较稳定的化合物，它由两个氧原子与一个碳原子通过共价键连接而形成。在光催化还原 CO_2 反应中，要想打破 C—O 键和形成碳氢燃料所需的 C—H 键能，必须有外来的能量才能实现。由于 CO_2 分子中碳元素是正四价，因此，在反应中该价态的碳只能被还原。还原剂的种类很多，其中 H_2O 的处理丰富，无污染、高效，被认为是 CO_2 反应中最为合适的还原剂之一[61]。从热力学角度来说，CO_2 与 H_2O 的反应是一个吉布斯自由能增加的反应，反应式分别为

$$CO_2 + 2H_2O \rightarrow CH_3OH + 3/2O_2 (\Delta G_0 = 702.07\ kJ/mol) \quad (1-2)$$

$$CO_2 + 2H_2O \rightarrow CH_4 + 2O_2 (\Delta G_0 = 818.17\ kJ/mol) \quad (1-3)$$

因此，从反应式可以看出，反应过程中必须提供能量才能保证催化反应的进行。

图1－14为光催化还原 CO_2 为碳氢燃料的结构示意图。从图1－14中可看出，二氧化碳的光催化反应过程包含：

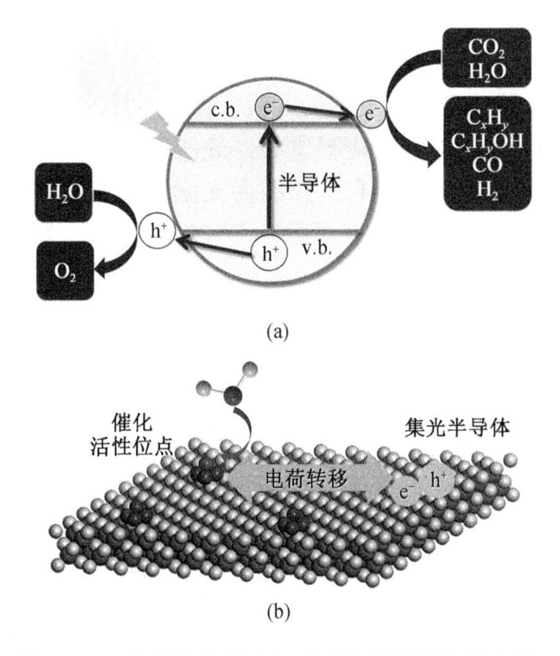

图1－14　光催化还原 CO_2 为碳氢燃料结构示意图

(1)半导体材料——光催化剂吸收光能，光子被吸收并使光催化剂中电子受激发从价带跃迁到导带形成自由电子，同时在半导体材料价带上产生数目相同的空穴，形成光生电子－空穴对；

(2)光生电子和空穴有效地分离和迁移到催化剂表面的活性位点，在此过程要想光催化反应顺利进行，需要减少光生电子－空穴对的体相复合和表面复合；

(3)氧化－还原的过程：具有还原能力的光生电子在催化剂表面将 CO_2 还原为 CO、CH_4、CH_3OH 等碳氢化合物；同时，具有氧化能力的空穴将水氧化，产生质子，使 CO_2 还原并产生氧气。在此过程中，光能被转化成化学能，而 CO_2 光催化还原反应的整体效率由这几个过程热力学和动力学的过程共同决定，例如理论上，催

化剂的带隙越窄越利于其对光能的吸收,但同时窄的带隙也会降低光生电子-空穴对的氧化还原能力,因此具体情况还需要具体分析。

光催化 CO_2 转化原理及关键因素要合理设计光催化 CO_2 转化材料,就必须通过对该反应原理的分析,梳理出限制其性能的关键因素。图1-14是一个典型的光催化 CO_2 转化过程。半导体通常用来吸收光子,然后通过光激发产生电子空穴对。当电子和空穴可能重新结合时,其余的将被分离并转移到反应物质被吸附的表面。由于并不是所有的半导体材料都能在表面提供吸附位点,所以与反应产物相互作用较强的附加组分(如金属或氧化物纳米晶、团簇或单原子)往往被装饰在半导体表面。这种成分通常被称为辅催化剂。无论是单独的半导体还是协同催化剂提供了物种吸附的位点,这些位点应该是 CO_2 和 H_2O(光催化最广泛使用的氢原料)接收光激发电子或空穴以及键裂解和形成的位置。从这个意义上说,除了光激发电荷有助于触发反应并为反应提供必要的能量之外,这些位点实际上扮演了传统热催化中催化活性位点的角色。正因为光激发电荷参与了反应,光催化 CO_2 转化体系增加了热催化 CO_2 加氢过程所遇不到的复杂性。为了简化系统,我们可以概述材料组件的功能,如图1-14(b)所示。一个有效的光催化 CO_2 转换系统应该包括两个功能部件:集光半导体和依靠电荷转移连接的催化活性位点。

1.5.2 CO_2 光催化剂的选择

通常所讲的光触媒就是我们所指的光催化剂。光催化剂就是在光子的激发下能够起到催化转化作用的一类化学物质的统称,一般是半导体材料。

典型的天然光催化剂就是我们常见的叶绿素,在植物的光合作用中促进空气中的二氧化碳和水合成为氧气和碳水化合物。总的来说纳米光触媒技术是一种纳米仿生技术,用于环境净化、自清洁材料、先进新能源、癌症医疗、高效率抗菌等多个前沿领域。太阳能作为一个新能源,受到研究者们的广泛关注。特别是借助于光催化技术,使空气、水中的污染物和光催化制氢等越来越引起研究者们的兴趣。1972年,A. Fujishima 和 K. Honda 发现在n-型半导体二氧化钛单晶电极上水完全被分解,以半导体为中心的多相催化引起了学者们的广泛关注。

Halmann 最早使用半导体材料 GaP 光还原 CO_2,得到产物甲醛、甲醇等,开启了使用光催化还原 CO_2 新时代。Inoue 等通过 ZnO、GaP、TiO_2、CdS 和 SiC 等半导体材料,使 CO_2 和水蒸气合成 CH_4、CH_3OH 和其他有机物等,并且提出相应的催化剂、催化剂制备方法及 CO_2 光催化反应机理。自此,CO_2 光催化还原方面的研究逐渐发展。

目前,光催化还原 CO_2 的研究较多,但能选择的光催化材料较少,主要集中在以 TiO_2 为核心材料的表面修饰上。TiO_2 具有廉价、无毒,且易制备、光稳定性好等优点，被研究者们大量使用，但其作为 CO_2 光催化剂也有一定的局限性，TiO_2 只能利用占太阳能 4% 的紫外光，对可见光的利用率极低。光催化剂的根本目的是要实现对太阳能的高效利用，而 TiO_2 的局限性限制了 CO_2 光催化反应的实际应用和进一步产业化的发展。其缺陷主要表现为：TiO_2 光催化体系中，光生电子－空穴分离效率低而复合率高，使得光催化剂的量子利用率低。据报道，二氧化钛的量子效率大多小于 10%。TiO_2 有较大的带隙宽度（3.2 eV），导致只能吸收仅占太阳光 3%～5% 的紫外光，说明了 TiO_2 禁带宽度较大，不能有效地吸收太阳光。实际应用中，TiO_2 光催化技术仅处于实验室研究阶段，TiO_2 的大量生产尚有很长的路要走。催化剂的面积小，活性位少，远不能满足反应物反应的要求。就目前实验室技术来看，拓宽 TiO_2 对自然光波长的吸收范围是研究的重点。

基于以上问题，提出了以下提高 TiO_2 光催化效率的途径：首先，采用掺杂的方法，减小 TiO_2 的禁带宽度，从而扩大其对太阳光谱响应范围。其次，将其他具有窄禁带宽度的半导体与二氧化钛结合，一方面缩小禁带宽度，另一方面通过载流子的转移有效分离电子－空穴对。如 Pham 等采用双金属 Ag 和 Cu 共掺杂 TiO_2 形成金属复合氧化物，Ag 和 Cu 能减少光生电子－空穴对的体相复合和表面复合，在 CO_2 光催化转化反应中表现出较高的活性。Koliyat Parayil 等利用碳氮共掺杂钛纳米管改性氧化钛，在钛纳米管表面增加了光电子中心活性位并提高了二氧化钛的比表面积，使 CO_2 的光转化率显著的提高。

此外，通过表面修饰或元素掺杂方式可将紫外光半导体材料的光响应范围拓展到可见光区，或开发对可见光响应的 CO_2 光催化剂。有研究报道，以过渡金属配合物酞菁锌修饰的 TiO_2 光催化材料，可以在可见光照射下还原 CO_2，但效率不高；而以酞菁钴敏化 TiO_2，在相同条件下可以在饱和的 NaOH 溶液中还原 CO_2 产生甲醇、甲醛等，且转化率相对较高。无论是元素掺杂还是表面修饰获得的 CO_2 光催化材料，均存在稳定性差、转化率较低、可见光利用率低等问题。例如，敏化剂易发生氧化和从本体上脱附而导致光催化剂性能下降；通常元素掺杂可以拓展催化剂材料的光响应范围，但仍然存在对光能利用率低的特点。

目前，CO_2 的人工光合作用以其高效率的能量转换方式、清洁无污染等诸多优点显现出其独特优势，在未来十大能源排行榜上位居第一。因此，CO_2 光催化水还原反应制碳氢燃料技术被认为是目前最有前景的 CO_2 循环利用方法之一。作为典型的光催化反应，研究者们以 TiO_2 为基础，对光催化还原 CO_2 做了深入的探索，取得了一些成绩，但由于其反应过程复杂，反应的转化率和光催化产物的选择性依然偏低，因此寻找合适的光催化剂，提高光催化反应的转化率和光催化产物的选择性，是目前 CO_2 光催化还原技术的难点和重点，新型高效 CO_2 吸附及光催化转化材料的开发仍是本领域的研究热点和难点。

1.5.3 CO_2 光催化研究现状及问题

综上所述,CO_2 光催化转化有三个关键因素需要考虑和严格控制。根据反应顺序,第一个因素是反应分子从原料相到催化剂表面的质量运输。与热催化 CO_2 加氢和合成气转化相比,一个不可忽视的主要区别是 H_2O 作为氢源的使用。在大多数情况下,液态水被用作方便的原料。由于 CO_2 在水中的溶解度很低,CO_2 分子通过液态水从气相扩散到催化剂表面(如三相界面问题)在很大程度上受到限制,因此只有一小部分 CO_2 能够到达表面进行吸附和反应。这个因素在动力学上限制了 CO_2 分子的转化率,导致活性瓶颈。更重要的是,在这样的液相中,H_2O 的还原更有利于通过消耗光产生的电子来产生 H_2,这是一个突出的产物选择性问题。虽然可以通过扩大表面积、建立基础位点、调整亲水性和 pH 值等方法来改善质量输运,但我们也可以考虑使用水蒸气代替液态水,这已经出现在一些报道中。另一种可能的替代是 H_2 作为氢原料,如热催化 CO_2 氢化和合成气转换系统;然而,如何在光催化中解离 H_2 仍然是一个技术难题。

另外两个因素是 CO_2 分子的吸附和 C—O 键的活化,以及反应中间体的 C—C 键耦合。可以通过设计双金属甚至多金属位点,引入元素促进剂和构建双功能催化剂,很好地控制 C—O 键的裂解和 C—C 键的形成。调节 C—C 键耦合包括许多方面,主要包括反应中间体在活性位点的稳定,涉及 CO 中间体的烷烃到醇的转化,涉及 CH 中间体的烷烃到烯烃的转化,以及控制氢的覆盖以减缓氢化和抑制 H_2 的产生。当设计策略从热催化转向光催化时,由于光产生电荷在光催化反应中的关键作用,需要进行一些修改。

基于上述关键因素,可以在此提出未来光催化 CO_2 转化材料设计的几个方向。首先,考虑到 CO_2 分子的特点,设计双金属或多金属的位点,代表了光催化 CO_2 转化研究从模拟水分离的试验转向传统催化和表面科学学习的需要,并成为一个主要趋势。虽然独立的半导体光催化剂可以减少 CO_2,但显然他们不能实现高活性和选择性。该催化剂将两个或两个以上位点置于一种催化剂中,具有多重功能,可处理 C—O 键裂解、中间稳定和 C—C 键偶联等反应步骤。通过在半导体表面生长金属间化合物、合金、异质结构或核壳结构,可以将双金属或多金属位点与半导体光催化剂结合。

其次,在催化活性位点周围引入元素启动电子是改变位点行为的进一步步骤。受传统的 CO_2 加氢和合成气转化的启发,碱金属、过渡金属和非金属可以作为催化剂表面或催化活性位点晶格的结合对象。如上所述,促进剂可以促进 CO_2 分子的质运和吸附,控制加氢速率,平衡反应活性和选择性。

在某些特殊的反应步骤或过程中,传统的活性位点仍然受到限制。特别是

C—C 耦合在 CO_2 转化中是一项极具挑战性的任务，甲醇转化为烃类在光催化中也很难发生。为了解决这些挑战，用分子筛构造双功能催化剂的策略为光催化剂的设计提供了重要的见解。沸石是热催化中最常用的分子筛，可以以许多不同的方式与催化剂结合，如图 1－15 所示，沸石可以提供可调的表面酸度和氧空位，促进 C—C 键耦合和 MTH 转换。例如，包含 $ZnCrO_x$ 和介孔复合催化剂 SAPO 沸石 $C_2^= C_4^=$ 烯烃的选择性达到 80% 和 94%，C_2—C_4碳氢化合物在合成气的选择性达到 17%（图 1－15(b)），远远超出了经典的 ASF 限制，而这主要原因是增强了沸石 C—C 键耦合表面酸性。同样，SAPO－34 Brønsted 酸性的分子筛也改善了 C_2、C_4 烯烃的选择性，从而高达 70%。因此，我们认为双功能催化剂的制备是提高光催化 CO_2 转化中产品选择性的大好机会。但双功能催化剂的集成方式或材料选择应从质量和电子转移两个方面进行合理选择。除了形成 coreshell 结构和负载（图 1－15），另一方面也可以考虑催化剂的功能性与各种组织结构的复合，嫁接配体可调 Brønsted 酸度也包含介孔通道。

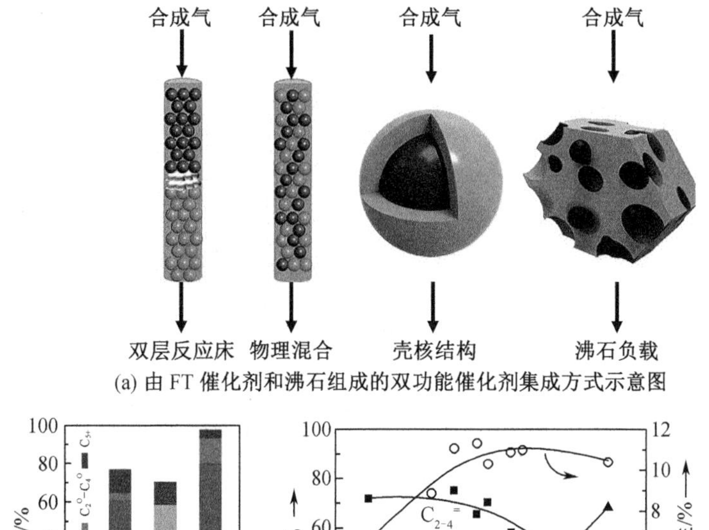

(a) 由 FT 催化剂和沸石组成的双功能催化剂集成方式示意图

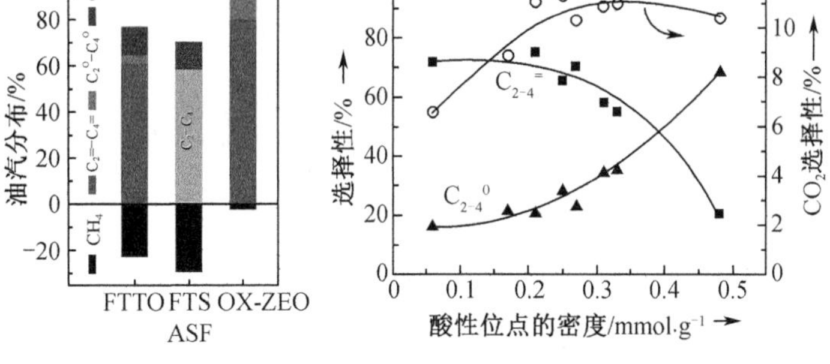

(b) 氧化沸石催化剂 (OX-ZEO) 合成气的烃类产物分布

(c) 不同酸化条件下 SAPO-34 分子筛催化剂的合成气转化

图 1－15

最后,光催化本身可能无法完成将二氧化碳转化为增值产品的所有必要过程。例如,MTH 转换通常需要一定的温度范围,光产生的载流子不能有效地触发氢分子的解离,要考虑氢的原料。在这种情况下,光催化与热催化的耦合可能提供一种克服这一局限性的替代方法。通过光热转换提供热源的金属纳米结构表面等离子体是一种很有前途的候选者。更重要的是,等离子体介导的光催化可能带来新的催化机制。例如,等离子体金纳米颗粒光催化剂捕获可见光多电子,多质子还原二氧化碳碳氢化合物。如图 1-16 所示,通过 CO_2 吸附,CO_2 的电子态可以与 Au 的电子态杂交,形成一个降低的最高占据分子轨道(HOMO)最低未占据分子轨道(LUMO)间隙。在等离子体激发下,纳米金粒子被阴极极化,为 CO_2 的活化提供充足的高能电子。在高光强下,热电子传递率足够高,可以转移多个电子,同时激活两个 CO_2 吸附物(图 1-16(b)),使 C—C 键耦合。因此,在 300 mW/cm^2 的光照下可产生 CH_4 和 C_2H_6(图 1-16(c))。表面等离子体与催化活性位点结合后可以单独发挥作用或与光催化剂协同工作,有望为光催化 CO_2 转化提供新的契机。

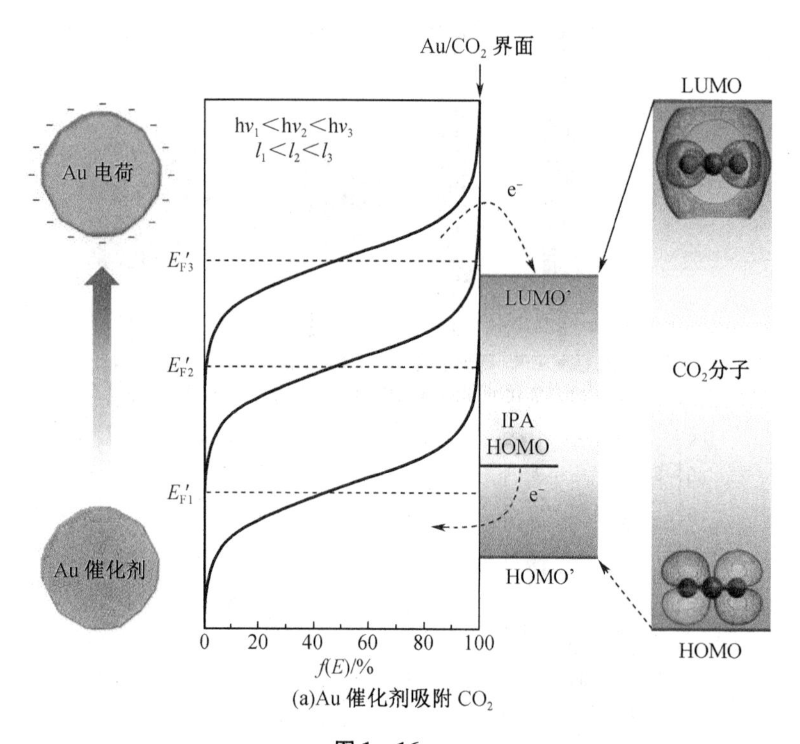

(a)Au 催化剂吸附 CO_2

图 1-16

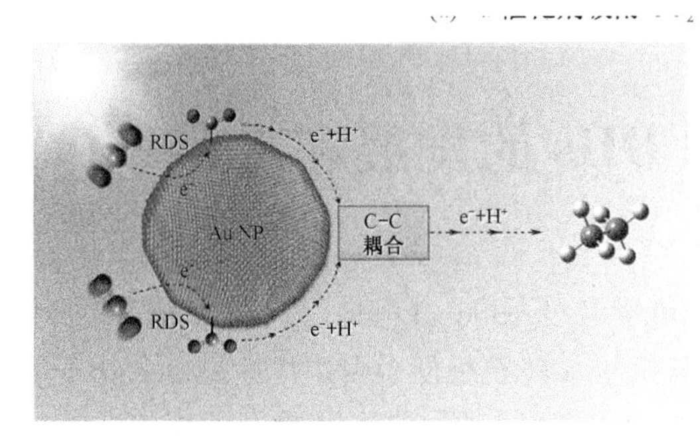

(b) 快速热电子传输驱动的 C–C 耦合图

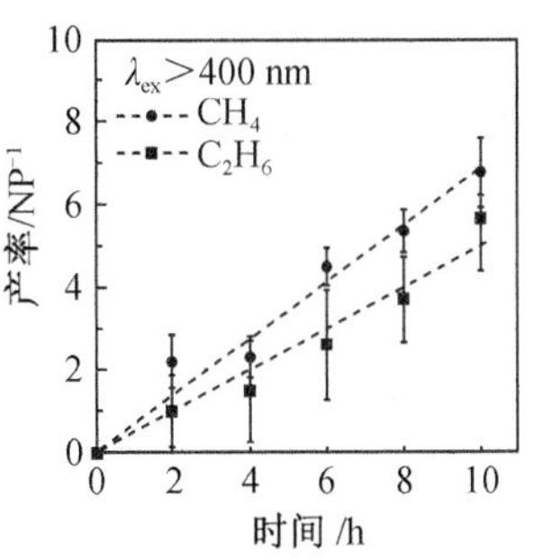

(c) 等离子体金催化剂光催化还原 CO_2 耦合图产生 CH_4 和 C_2H_6

图 1 – 16(续)

第 2 章　LDHs 的发展和应用

层状双氢氧化物(Layered Double Hydroxides,LDHs)包括水滑石、类水滑石化合物及阴离子黏土等,是由带正电荷的水镁石板层、层间阴离子和水分子组成,其主体阳离子板层的化学组成、客体层间阴离子的种类和数量及插层组成体的粒径、分布可根据需要进行调控,在吸附分离、催化等领域具有较大的应用潜能。由图 2 - 1 可以看出,LDHs 的层状结构非常明显。其化学结构式可表示为$[M_{1-x}^{2+} \cdot M_x^{3+} \cdot (OH)_2][A_x^{n-}] \cdot mH_2O$,其中,$M^{2+}$代表$Ni^{2+}$、$Zn^{2+}$、$Mg^{2+}$、$Co^{2+}$等二价金属阳离子,$M^{3+}$代表$Fe^{3+}$、$Al^{3+}$、$Mn^{3+}$、$Cr^{3+}$等三价金属阳离子,$A_x^{n-}$表示$CO_3^{2-}$、$SO_4^{2-}$、$PO_4^{3-}$、$NO^{3-}$、$Cl^-$、$OH^-$等阴离子,$x$ 的值一般在 0.2 ~ 0.4 之间。类水滑石具有较多极性表面、羟基及特殊层状结构等特性,非常适合作为非极性分子的吸附剂。并且,类水滑石材料具有的层板金属离子可替代性,为其在催化转化领域的发展提供了先天条件。因此,类水滑石非常适用于 CO_2 的催化转化。

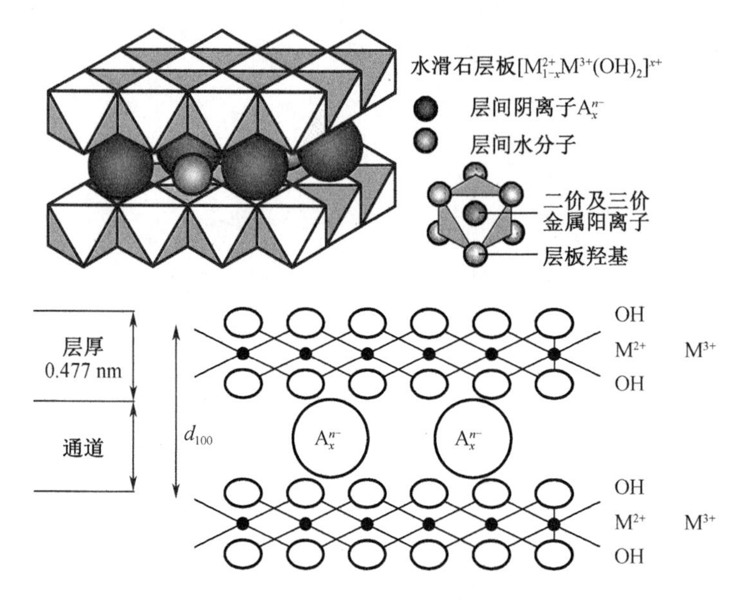

图 2 - 1　LDHs 的层状结构示意图

2.1　LDHs 的结构和性能

2.1.1　LDHs 的结构介绍

天然水滑石最早是由瑞典科学家 Hochstetter 于 1842 年在岩层矿中发现的。由于形成条件和地质环境的关系，天然水滑石的金属元素都是由镁和铝组成的。如图 2-2 所示为金属离子八面体结构简图，与水镁石相似，每个金属离子以配位键与六个 OH-结合，从而形成[$A(OH)_6$]八面体结构，A 为金属离子。

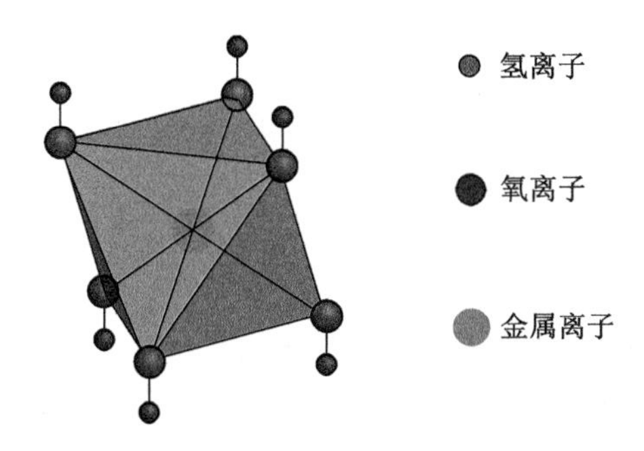

图 2-2　金属离子八面体结构简图

相邻的八面体以共棱的方式沿水平方向延伸就会形成金属离子层板，其中每个 OH-由三个金属离子共用。这样，每个金属阳离子就会完全占据两个 OH-，如图 2-3 所示为水滑石层板结构简图。

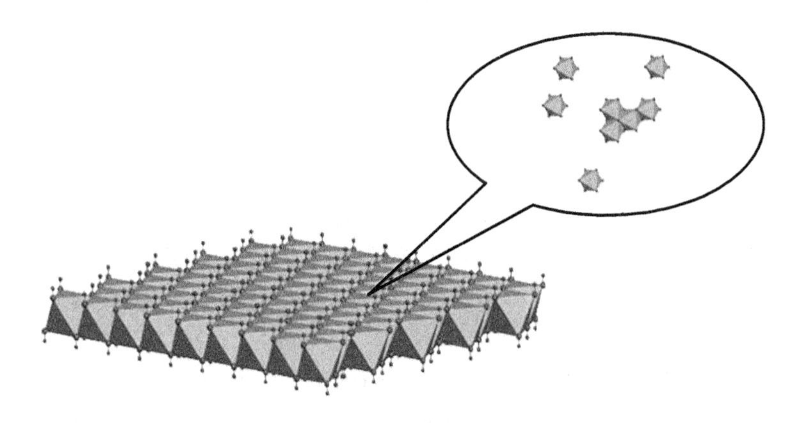

图 2-3　水滑石层板结构简图

从图 2-4 中可见，水镁石中金属离子是 Mg^{2+}，与占据的两个 OH-电性相抵就会显中性，所以层板可以沿垂直水平面方向多层堆叠。而水滑石层板中含有 Mg^{2+} 和 Al^{3+} 两种金属离子，使其带正电；所以水滑石形成时，溶液中的阴离子会插到层板间，以中和这部分正电。水滑石就是以这种在水平方向无限延伸，在垂直水平面方向层层堆叠形成特殊的层状结构，进而形成片状六边形结构。

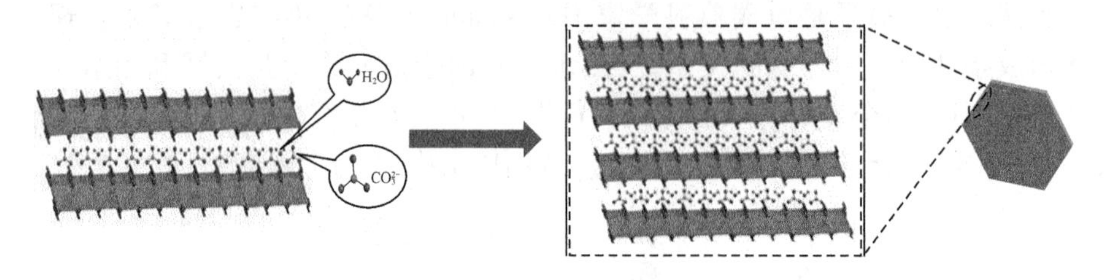

图 2-4　水滑石结构简图

2.1.2　LDHs 的性能研究

LDHs 材料独特的结构也使得它具有如下特殊的性质和应用。

(1)碱性水滑石类材料的层板由镁氧八面体和铝氧八面体组成，所以具有较强的碱性，不同材料的碱性强弱与组成中的二价金属氢氧化物的碱性强弱有关。它一般有很小的比表面积，表观碱性较小，其较强的碱性往往在其焙烧产物中表现出来。

(2)层间阴离子具有可交换性，其层间阴离子可与各种阴离子，包括无机离子、有机离子、同多离子和杂多离子以及配位化合物的阴离子进行交换，从而得到具有不同功能的材料。离子交换能力及交换后其层间阴离子的量、排列状况可通过基体的比值来进行控制。

(3)水滑石类化合物其主体层板的元素种类及组成比例、层间阴离子的种类及数量、二维孔道结构可以根据需要在宽范围调变，从而获得具有特殊结构和性能的材料。其组成和结构具有可调变性，主要可从以下几个方面对其性质进行调变：阳离子种类，层板内两种不同价态阳离子的物质的量的比值一般为一比一，同时许多研究表明，只有在一个较窄的范围内才能得到单一的晶相而无其他杂质相生成；层间阴离子的种类或其所带电荷的多少；层间水含量的结晶形态和颗粒尺寸。

(4)热稳定性因组成而异，但基本相近。以 $MgAl-CO_3-LDHs$ 为例，其在空气中低于 100 ℃时，仅失去层间水分，对结构无影响。当加热到一定温度时，失去结构水，同时有 CO_2 生成，脱水较完全时，CO_2 消失，LDHs 转变为结晶度不高的氧化物；加热温度高于 500 ℃时，有尖晶石，金属氧化物的混合物开始烧结。在结构中，层内存在强烈的共价键作用，而层间阴离子与层板之间是弱的静电引力，因而增强层板与层间阴离子之间的静电作用,可提高此类物质的热稳定性。

(5)红外吸收性能。LDHs在1 370 cm^{-1}附近出现层间CO_3^{2-}的强特征吸收峰,在1 000~400 cm^{-1}范围有层板上M—O键及层间阴离子的特征吸收峰,并且其红外吸收范围可以通过调变组成加以改变。

(6)阻燃性能。在受热时,其结构水和层板羟基及层间离子以水和氧化物的形式脱除,起到降低燃烧气体浓度,阻隔空气的作用,层板羟基及层间离子在不同温度范围内脱离层板,从而可在较大范围内释放阻燃物质。在阻燃过程中,吸热量大,有利于降低燃烧时产生的高温。

(7)具有"记忆"效应,即将其加热到一定温度时,可形成较稳定的双金属氧化物,与客体阴离子溶液反应,可部分恢复成具有有序层状结构的物质。"记忆效应"与热分解行为有关,当温度过高时,分解产物无法恢复至水滑石的结构。一般而言,焙烧温度在一定范围以内,结构的恢复是可能的。陈天虎等的XRD分析结果表明,常温条件下,LDHs煅烧形成的方镁石结构的氧化物可以很快重新水化形成LDHs,但24 h仍没有水化完全;600 ℃和800 ℃煅烧样品经48 h加热水化作用后,煅烧产物方镁石结构镁铝氧化物固溶体完全水化为LDHs。对于层间阴离子主要为碳酸根的Mg/Al-LDHs,300 ℃时脱除层间水,层结构发生收缩。400~800 ℃之间形成方镁石结构氧化物。1 000 ℃时方镁石结构氧化物进一步分解为尖晶石和方镁石混合物。在层状双氢氧化物脱出结构水形成氧化物的过程中可形成纳米孔隙,但仍保留原LDHs片状晶体的假象形貌,并继承原来的晶体结构取向。煅烧形成的具有方镁石结构氧化物可以重新水化形成新生LDHs,重新水化形成的LDHs结晶度比原来的LDHs结晶度低。LDHs煅烧温度一旦超过600 ℃,其结构不能再恢复,纳米孔结构仍然保持,常将该现象称为LDHs的结构记忆功能。关于记忆功能机理已有相关报道,一种常见机理是对Marchi以及Apesteguía提出的retro-topotactic转变理论进行补充的溶解-重结晶机理,尚待更多的论证。LDHs结构的特殊记忆功能引起了研究人员的广泛关注,主要是围绕该功能在合成多种类型LDHs以及制备高纯度金属氧化物催化剂过程中的应用研究。

2.2　LDHs的制备方法

依据晶体学理论,改变类水滑石成核及结晶时的浓度、温度就可以控制晶体成核、生长时的速度。所以说,通过控制合成条件,并加以时间的调控就可以控制类水滑石晶体结构的规整性及粒径尺寸。目前,比较成熟的类水滑石制备方法有共沉淀法、尿素法、成核/晶化隔离法、离子交换法和煅烧还原法等。

2.2.1 共沉淀法

共沉淀法是将碱溶液与金属盐溶液进行混合,使之反应生成凝胶从溶液中沉淀出来的方法。这里的盐溶液可以是一价、二价、三价甚至更高价态的金属盐溶液。而碱性溶液可以是氨水、NaOH 和 KOH 等,也可以是含有某特定阴离子的碱性溶液混合物,例如 NaOH/NaCl、NaOH/Na_2CO_3混合液。同时根据混合时溶液的 pH 值是否变化,又将其分为单滴法和双滴法。

其中,单滴法是将金属离子溶液以一定的速度滴进碱性溶液中,控制最终的 pH 值。此过程应不停搅拌,保证混合均匀。之后将其放在一定条件下结晶,使晶粒进行生长。最后经洗涤、干燥、研磨,就可得到类水滑石粉末。

双滴法是将指定的碱性溶液与盐溶液分别以一定的速率同时加入烧瓶中,事先计算好两者的滴加速率,使加入的碱性溶液恰好能中和金属离子溶液的酸性。此过程也应不停搅拌,保证混合均匀。之后通过结晶、过滤、干燥,就可得到类水滑石样品。

上述方法中,溶液的浓度、金属离子比例、滴加速度、搅拌速度、最终的 pH 值、结晶温度和时间等会共同影响最终的类水滑石品质。

共沉淀法制备的 LDHs 通常为六方片状颗粒。

2.2.2 尿素法

尿素法是指将指定的金属离子溶液与尿素进行混合,通过加热使尿素缓慢水解形成碱性环境,进而生成类水滑石样品。该方法可以通过控制温度使溶液的 pH 值较低,生成的晶核数量较少,从而能得到晶型非常规整的类水滑石,并且操作过程非常简单。杨飘萍等将金属离子/尿素混合液在不断搅拌的情况下加热到 105 ℃,然后经过晶化、老化、抽滤、干燥得到 MgAl/ZnAl - CO_3 类水滑石。Berber MR 等探究尿素含量对类水滑石的影响,结果显示,类水滑石的晶粒尺寸随着尿素含量增大而减小。

郑晨采用尿素法在盐液中加入分散剂,在高温下进行水热处理,得到了绣球状的 Ni/Al - LDHs,如图 2 - 5(a)所示 Xu 等以 MgO 和 $A1_2O_3$为前体,分别在中性和碱性水溶液中 100 ℃下水热处理,制备得到的颗粒尺寸较大的六方片状形貌 LDHs,同时观察到了沙漠玫瑰(sand - rose)状的粒子团聚形貌,如图 2 - 5(b)所示。Geraud 等将聚苯乙烯微粒浸渍在 Mg^{2+}、$A1^{3+}$反应液中,使得 LDHs 粒子在聚苯乙烯微粒空隙中生长,最后将聚苯乙烯溶解,得到了蜂窝状 LDHs,如图 2 - 5(c)所示。

(a) 绣球状　(b) 沙漠玫瑰状　(c) 蜂窝状

图2-5　不同形貌的 LDHs 化合物

分散剂的作用机理通常为空间位阻作用机理和静电稳定作用机理。空间位阻作用是指 LDHs 晶粒成核及生长过程中,分散剂吸附于颗粒表面,占据了晶体生长活性位点,降低颗粒的生长速度,致使粒子的粒径变小。而静电稳定作用是由于分散剂使粒子周围形成一个带电荷的保护屏障,粒子间存在静电斥力,晶核生长受限,LDHs 粒径减小。

过饱和度直接影响着晶核的形成速度和生长速度,影响着结晶产品中晶体的粒度及粒度分布。过饱和度的提高有益于在溶液中析出细小的晶粒。采用足够的浓度以在制备过程中获得所需的过饱和度是绝对必要的。

Mariko 在水/乙二醇混合溶液体系中,通过尿素水解制备 $Mg/Al-CO_3-LDHs$。He 等利用正辛烷-十二烷基磺酸钠-水乳液共沉淀反应得到纤维状 $Mg/Al-CO_3-LDHs$。利用乳液微水池的限域作用,可以窄化颗粒尺寸分布。

2.2.3　其他制备方法

常见的类水滑石制备方法还有以下几种。

1. 成核/晶化隔离法

成核/晶化隔离法是采用全返混旋转液膜成核反应器,实现盐液与碱液的共沉淀反应。通过控制反应器转子的线速度,成核反应可瞬时完成而形成大量晶核,然后在一定的条件下使晶核同步生长。该方法可以分别控制晶体成核和生长条件,从而最大限度地减少成核和晶体生长同时发生的可能性。

2. 模板合成法

模板合成法是制备特殊形貌 LDHs 的常用方法,通常按照以下步骤进行:先形成有机物模板的聚集体,在聚集体与溶液相的界面处,加入原料发生化学反应形成无机/有机复合体,然后将有机物模板去除,即得到具有一定形状的无机材料。常见的有机物模板有壳聚糖、嵌段共聚物及由表面活性剂形成的微乳及囊泡等。

3. 焙烧还原法

将 LDHs 在一定温度下(一般不超过 700 ℃)焙烧 2 ~5 h,变成混合氧化物 LDOs,然后将其在含一定浓度的碳酸钠与氢氧化钠的混合碱液中振荡一定时间,过滤、洗涤至 pH 值约为 7,干燥 12 ~24 h,即可得到相应的碳酸根型 LDHs。

4. 离子交换法

离子交换法是在 N_2 保护条件下,将溶液中特定阴离子与 LDHs 前体的层间阴离子进行交换,形成特定阴离子插层型 LDHs,这也是合成大分子阴离子基团柱撑 LDHs 的重要途径。当阴离子 A^{n-} 在碱性介质中稳定性差,或当金属离子没有可溶性盐类时,共沉淀法无法进行,可采用离子交换法。

5. 水热合成法

该法主要是将一定配比的金属盐溶液混合物缓慢加入含所需层间阴离子的碱溶液中或将两种溶液快速混合成核,把得到的浆液迅速放入高压釜中,在烘箱的高温下晶化一段时间后,经过滤、洗涤、干燥得到。该法优点在于水热和晶化均相同的情况下,合成的晶相结构更完整,晶粒尺寸更小,分布更均匀。LDH 物质的实际捕获能力偏低,为了解决这一问题,许多研究者选择对 LDH 物质掺杂碱金属碳酸盐来改善其 CO_2 吸附能力。由于 K_2CO_3 与类水滑石中的 Al_2O_3 作用形成更多的碱性位点,使 LDH 物质掺杂 K_2CO_3 后 CO_2 捕获量增加。LDH 物质作为 CO_2 捕获的吸附剂在水煤气转换反应中可有效增强反应转化率,在变压吸附工艺中极具开发潜力,对 LDH 物质掺杂可以有效改善该物质对 CO_2 的吸附行为。

2.3 LDHs 的研究现状

LDHs 材料具有层状结构、层间阴离子的可交换性、记忆效应、热稳定性、粒径的可调控性等一些特殊性质,使其在阻燃材料等方面都有很好的研究价值。同时,LDHs 作为吸附剂,对 CO_2 具有吸附选择性高、稳定性好、成本低等优点,在 CO_2 光催化中也有较好的应用,通过引入功能性离子可以实现 CO_2 的转化,在吸附剂、催化剂等诸多方面显示出了广阔的应用前景。

2.3.1 LDHs 在阻燃材料中的应用

作为无机阻燃剂,LDHs 具有无卤、抑烟及环保等优势,其阻燃抑烟作用主要表现为:受热分解时吸热,可有效降低燃烧体系的温度;热分解产生 CO_2 和 H_2O,可以稀释氧气浓度,并降低材料表面温度;在聚合物表面形成凝聚相,阻止燃烧面的扩展;LDHs 受热分解后,可形成金属元素高分散且比表面积大的固体碱,吸附燃烧产生的酸性气体。国内外镁铝 LDHs 阻燃剂的工业化生产和应用尚处于起步阶段,日本关于镁铝 LDHs 阻燃剂的技术完全处于保密状态。

近年来,LDHs 与其他阻燃剂复配协同阻燃高分子材料,是 LDHs 在聚合物阻燃应用的主要研究方向之一,近几年取得了一系列的研究成果。如 Manzi - Nshuti 等研究了通过添加一种锌铝油酸酯插层 LDHs 与商业阻燃剂(MPP、APP、TPP、RDP、DECA 以及 AO)复配后,对聚乙烯(PE)阻燃性能的改进作用,当总添加量为 20% 时,APP 和 LDHs 增加了 PE 复合材料的热稳定性,有助于焦炭的形成,ZnAl 导致热释放速率明显减小。DECA 以及 AO 的联合,有效增加了点燃时间以及 PHRR 的时间,而 LDHs 降低了这两个参数。APP 和 MPP 不影响点火时间,但是与原聚合物相比,极大增加了 PHRR 的时间。Nyambo 等采用熔融共混法制备 LDHs/EVA 复合材料,并采用 XRD、TGA 和锥形量热仪对其热性能和阻燃性进行研究。结果表明,加入 LDHs 提高了 EVA 的热稳定性,且显著提高了 EVA/LDHs 的阻燃性能。当 LDHs 的添加量为 3% 时,PHRR 减少量为 40%。比较氢氧化铝(ATH)、氢氧化镁(MDH)和氢氧化锌(ZH)与 LDHs 的热性能,可以发现 LDHs 比 MDH 和 ZH 单独使用时更加有效。此外,马凯特大学研究小组系统研究了阴离子种类、金属离子种类及有机改性等对 LDHs 在 PMMA 中纳米分散形态和阻燃效果的影响规律,并取得了系列研究进展。赵芸等将纳米尺寸 Mg/Al - LDHs 加入到环氧树脂中制备成复合材料。结果表明,纳米 LDHs 添加量在 0.20% ~0.60% 范围内,就可显示出显著的抑烟效果,并可使环氧树脂的氧指数略有提高。研究认为 Mg/Al - LDHs 的阻燃作用遵从气相阻燃和凝聚相阻燃机理,多孔性、大比表面的 LDHs 分解产物吸附了燃烧过程产生的碳烟,从而起到了抑烟作用。郑秀婷等的研究表明,LDHs 添加量为 3% ~5% 时,可使最大烟密度下降 30%;LDHs 对 PVC 的力学性能没有不利影响,还使拉伸强度和断裂伸长率有所改善,同时 LDHs 使 PVC 的热变形温度提高,提高了材料的热稳定性。

2.3.2 LDHs 在 CO_2 吸附分离中的应用

LDHs 材料具有发达的比表面积,容易接受客体阴离子,可被用来作为吸附剂。其阴离子交换能力与其层间的阴离子种类有关,一般情况下,高价阴离子易于交换进入层间,而低价阴离子易于被交换出来。目前,在印染、造纸、电镀和核废水处理等方面已有使用,也有其作为离子交换剂或吸附剂的研究报道。如用 LDHs 通过离子交换法去除溶液中某些金属离子的络合阴离子,如 $Ni(CN)_4^{2-}$、CrO_4^{2-} 等;用直链酸插层 LiAl - LDHs 作为疏水性化合物的吸附剂;利用 LDHs 的选择性以及异构体不同的插入能力来分离异构体。

此外,LDHs 表面含有丰富的官能团,能吸附分离弱酸性的 CO_2 气体。目前,学者们深入研究了 LDHs 的 CO_2 吸附性能,考察了合成条件、碱(K、Cs)添加、操作压力及粒径等因素对吸附性能的影响。特别是LDHs表面的碱性官能团能与CO_2发生可逆的吸附反应，与CO_2之间的相互作用力高于沸石分子筛与CO_2之间的作用力，而弱于碱金属氧化物与CO_2之间的作用力，类水滑石吸附材料的最佳吸附温度一般在200 ℃以上，再生温度在400 ℃左右。然而，LDHs本身并不具有碱位，不可直接作为吸附CO_2的材料。LDHs需要经过一定的温度焙烧，焙烧后的LDHs将变成无定型混合金属氧化物。由于无定型混合金属氧化物具有高比表面积和丰富的表面碱位，因此，对CO_2具有良好的吸附性能。

LDHs虽然对CO_2具有良好的吸附性能，但其吸附性能需要进一步提升。因此，研究者们做了大量的研究，例如，研究LDHs的合成条件对其吸附性能的影响。冯建等使用价廉易得的$Al(NO_3)_3$与$Mg(NO_3)_2$为主要原料，采用共沉淀法制备水滑石，使用碳酸钾进行修饰，研究其对CO_2吸附的工艺条件，发现碳酸钾可以提高水滑石的孔道半径及比表面积，从而提高对CO_2的吸附量。在水滑石活化温度400 ℃、碳酸钾添加量25%、吸附反应温度400 ℃条件下对二氧化碳的吸附容量最高，达到9.10 mol/kg。浙江工业大学周春萍等以共沉淀方法合成了十二烷基磺酸钠插层的Mg/Al层状双氢氧化物，并采用超声剥落方法进行氨基改性，研究其对CO_2的吸附和解吸。其结果表明，吸附容量与样品的氨基负载量及比表面积有关，而与氨基硅烷种类无关。在氨基改性过程中，加入少量蒸馏水，层状双氢氧化物的有序度会变大，但层状结构不会发生改变，且有利于LDHs对CO_2的吸附。

目前，研究者们已经在提高LDHs吸附剂的吸附性能方面做了一系列工作，但效果欠佳，并且层状双氢氧化物在循环和再生过程中的稳定性与重复性能仍需要进一步提高。

2.3.3 LDHs在CO_2催化转化中应用

CO_2光催化还原的发展取得了一些成果，但是目前的研究仍然处于基础研究阶段，存在着诸多问题，如转化率很低、量子效率较低、额外的能量输入等问题。其中，光催化剂作为光催化还原反应的重要因素，并未全面发展。目前，光催化剂的研究重点主要集中在对传统的光催化剂，如TiO_2、CdS和ZnO等的深入研究上。光催化还原反应的机理探究还没有统一起来，主要由于反应物、途径及产物复杂并且副反应多，其光催化产物的转化效率、选择性及稳定性一直都是瓶颈问题。因此，开发高效的光催化剂也是研究者们关注的焦点。

LDHs具有独特的层状结构、物化特性及酸碱性等，可以作为酸碱性催化剂、氧化还原催化剂及催化剂载体等用于多种催化反应中。目前，对其在催化领域中的研究主要在两个方面，其一，直接用水滑石作为催化剂，或者以水滑石为前体，将焙烧所得的混合氧化物作为催化剂或者催化剂载体，用于催化氧化，缩合反应，甲烷或烃类重整，高级醇、烷基化等有机反应；其二，作为前驱体。引用其他元素对水滑石进行改性，可望获得大孔径、多功能、层状催化材料，这类材料可用于催化氧化、加氢反应、光催化反应及仿生催化，来延长催化剂寿命并易于回收循环使用制备负载型催化剂。Iguchi等运用共沉淀法制备Ni－Al－LDHs复合材料，通过CO_2光催化还原测试，结果表明，这种复合材料能有效地将CO_2转化为CO。Zhao等采用共沉淀法与水热法、共沉淀法焙烧重组法合成Ti/Mg－Al－LDHs复合材料，结果表明，共沉淀水热法制备的催化剂有较高的光催化性能，这与水滑石上负载的TiO_2的晶型、表面积和吸附性能有关。Guo等通过沉积沉淀法合成ZnO/Cu－Zn－Al－LDHs水滑石用于CO_2光催化剂还原，结果表明，光催化性能与CO_2吸附位有很大关系。

类水滑石作为CO_2吸附剂或光催化剂的研究已有相关文献报道，但对材料表面吸附和光催化反应协同作用机理研究未见相关文献、报道。特别是针对材料的结构与性能之间的构效关系的深入探讨，且进行材料的结构设计与合成方面理论研究较为鲜见。因此，本书基于CO_2吸附、转化利用和再生一体化思路，设计合成一类新型类水滑石Ti/Li/Al－LDHs。通过分子动力学模拟和量子化学计算，研究揭示具有CO_2吸附容量大、光催化反应活性高和再生性能好等性能的新型类Ti/Li/Al－LDHs的组成结构、晶体结构和表面结构特征。

相对于其他固体吸附剂而言，类水滑石材料具有鲜明优点，但同时，也存在比表面积较小、微孔少等缺点。容积填充理论认为，吸附剂的孔径为吸附质分子大小的1.7～3.0倍时，吸附性能最佳。多孔碳材料在这方面正好弥补了类水滑石的缺点，因此，本书将在上述研究工作基础上，采用共沉淀法将类水滑石Ti/Li/Al－LDHs与延迟焦（DC）复合，经过热处理改性调控活性炭表面官能团和孔结构，制备一种新型复合材料Ti/Li/Al－LDOs/AC，以进一步改善Ti/Li/Al/－LDHs的应用性能。

2.3.4　LDHs在其他方面的应用

1.热稳定剂

LDHs可作为热稳定剂，日本有商品牌号为“萨克斯”的产品，主要组成是均匀粒度为0.5～0.7 μm、折射率为1.49～1.54的镁、铝碱式碳酸盐型LDHs，该产品作为热稳定剂十分安全可靠，这点已经得到美国食品药品监督管理局（FDA）、聚乙烯食品卫生协议会（JHPA）及欧洲许多国家认可。

2.催化剂或催化剂载体

LDHs作为催化剂，拥有稳定性比较强、可使用时间久和性能较为活泼等几大优点。此外，LDHs还能作催化剂的载体。当LDHs被用来作为催化剂时，与碱式碳酸镁作为载体合成的催化剂相比较，LDHs 的活性明显比较好，同时又具有不错的选择分子量的能力。

3. 离子互换和吸附剂

LDHs 中的 A^{n-} 拥有可以互换的特点，低价态的 A^{n-} 很容易和高价态的 A^{n-} 互换，然后再前往层板间。因为 LDHs 表现出内表面积比较大的优点，所以用它作为吸附剂能更方便地容纳外部的一些分子。目前 LDHs 已在印染、造纸及电镀等方面得到应用。

4. 紫外吸收和阻隔材料

LDHs 通过烘烤以后呈现出很好的吸收紫外线的能力，通过改变其表面的性能可以加强其应用性能。通过大量的应用得出结论，用 LDHs 作为光吸收和阻隔材料，其性能比一般的材料展现出更好的优势。

此外，LDHs 在磁学、医药、新型杀菌材料、红外吸收材料等方面有着重要的应用。

第3章　Zn/Mg/Al－LDHs的制备和应用

3.1　引　　言

3.1.1　研究背景与意义

天然LDHs储量少，且易与叶绿泥和白云母矿等杂质共生，纯度低，难以分离，故其应用受到限制。1942年，Feitknecht等首次通过混合金属盐与碱金属氢氧化物反应人工合成LDHs，极大地推动了LDHs结构、性能和应用的开发研究。目前，LDHs已被应用于阻燃、催化及离子交换等领域，且具有显著优势。首先，LDHs的层板金属离子具有可交换性，只要二价金属离子和三价金属离子的半径与Mg^{2+}（离子半径0.65 Å）相近就能形成LDHs，Zn^{2+}及Al^{3+}的离子半径分别为0.74 Å和0.50 Å，是常见的LDHs层板阳离子组成元素。其次，LDHs具有层间阴离子可交换性，可调节反应溶液中层间阴离子的种类及数量，进而改变LDHs的性能以满足应用需要。再次，LDHs层板具有丰富的碱性催化活性位点，在催化领域已经取得广泛应用，其经适当温度焙烧处理后，形成金属氢氧化物（Layered Double Oxidizations，LDOs），可保留前体LDHs的层板结构，同时催化活性位点增加，催化效果更好。另外，LDOs在阴离子溶液中可以自动捕获阴离子，恢复前体LDHs的组成及结构特征，该性质为“记忆效应”。结构组成的可恢复性已被人们用于制备体积较大的阴离子插层LDHs，同时赋予LDHs可重复利用的应用特征。

Zn/Mg/Al－LDHs具有原料来源丰富及制备简单等特点，不仅已成功用于催化、医药、水处理等领域，作为高分子阻燃剂也受到人们的广泛关注。黄宝晟首次发现层状双氢氧化物阻燃剂Mg_3Al-CO_3-LDHs中Mg元素具有促进聚合物成炭的作用，Mg元素为阻燃消烟的有效组分。史翎等以含Zn化合物具有促进炭化膜形成及较好抑烟效果为依据，用成核/晶化隔离法将Zn^{2+}作为结构基元引入阻燃剂$MgAl-CO_3-LDHs$中，均匀分散至EVA－28树脂中，研究发现Zn^{2+}可降低主客体间相互作用力，$Zn/Mg/Al-CO_3-LDHs$的羟基和CO_3^{2-}的脱除温度降低可提前形成ZnO的复合金属氧化物，提高阻燃和抑烟性能。与传统意义中的$Mg/Al-CO_3-LDHs$相比，$Zn/Mg/Al-CO_3-LDHs$具有更为优异的阻燃和抑烟性能。

长期以来，煤炭自燃引发的火灾事故频发，其作为煤炭工业的主要灾害严重制约了煤矿的安全高效开采、运输和储存,造成了煤炭资源的大量浪费及经济财产的严重损失,同时,也造成了严重的环境污染。因此,煤炭自燃的防治技术日益受到人们的重视。中国的煤炭自燃灾害尤为严重,国有重点煤矿中出现煤炭自燃的矿井占矿井总数的56%,因煤炭自燃引起的火灾占矿井火灾总数的90%~94%。我国的新疆、内蒙古、宁夏是全国煤田火灾最为严重的地区,其每年燃烧损失1 000万吨~1 360万吨煤炭,直接经济损失超过200亿元人民币。其中,神东矿区开采的煤种为低阶长焰煤,挥发分高,燃点低,最短自然发火期仅有18天,具有严重的自燃倾向性,仅1998—2004年矿区周边发生自然发火达341次,我国迫切需要解决煤炭自燃防治问题。

研究发现,煤自燃是煤与氧气之间的物理、化学复合作用的结果。煤对氧气的物理吸附、化学吸附和化学反应产生的热量,以及热量的聚集导致煤的自燃。煤发生自燃通常必须具备以下四个条件:

(1)煤具有自燃倾向性且呈破碎状态堆积;

(2)有连续的通风供氧条件;

(3)热量易于积聚,煤炭氧化所生成热量的速度大于散热速度;

(4)上述三个条件同时存在,其持续时间大于煤炭最短自燃发火期。

目前已提出多种煤自燃假说,如煤氧复合学说、生物氧化学说等。其中煤氧复合学说已得到广泛认可。煤氧复合学说认为,原煤自燃是曝露在大气环境中的煤持续发生氧化,从而引起煤堆热量积聚、不断升温甚至燃烧的现象。由于这一氧化过程比较缓慢,通常称之为自热潜伏期。随着煤的氧化放热量逐渐积蓄,煤体温度达到煤自燃的临界温度(60~80 ℃)后,其氧化过程自动加速,该阶段称为煤的自热期。自热期的发展有可能使煤温上升到着火温度而导致自燃。如果煤温达不到临界温度或由于散热而导致温度降低,煤便进入风化状态,风化后的煤不再发生自燃。

基于煤炭自然发火的条件,煤炭自燃防治措施主要从消除煤炭燃烧三要素之一入手,采用材料覆盖煤炭阻隔氧气吸附、降低氧浓度、转移煤氧化反应的生成热等方法,实现煤炭自燃的治理。目前较多采用防灭火材料实现煤炭自燃灾害的治理,而现实中大多是煤炭自燃后采用灭火材料紧急消除火灾,没有从根本上进行自燃的预防。目前,研究较多的也是煤炭自燃灭火材料,如 N_2、CO_2 及湿式惰气阻隔型材料,水或水溶胶等液相覆盖型材料,黄土、砂石、煤矸石、粉煤灰、水泥等组成的速凝堵漏材料,以及 $CaCl_2$、$MgCl_2$ 及 NaCl 等卤盐及硅凝胶阻化材料等。常用阻化剂的优缺点见表3-1。近年来,高聚物乳液阻化剂、复合阻化剂、水溶性阻化剂和粉末状防热剂等新型阻化剂相继涌现出来,此外还有能够捕捉煤氧化过程产生的游离基(自由基)的阻化剂。三相泡沫材料是气相的氮气或者空气、固相的粉煤灰或者黄泥、液相的添加剂这“三相物质”混合后经发泡后形成的混合体，是一种高效的煤炭自燃灭火材料。氮气等具有惰化、抑爆的特点，有效固封于泡沫中，随泡沫破灭而释放；粉煤灰和泥浆作为防灭火材料的一部分具有覆盖性、保持泡沫的稳定性，泡沫破碎后均匀覆盖于煤表面，可有效中断煤体对氧气的吸附，防止煤体进一步氧化；发泡稳泡形成的黏结性胶体的吸热阻化特性，通过黏结剂提高煤与材料的黏结性，可弥补目前所采用的防灭火技术和材料的不足。该材料仅适合于在矿井发生煤自燃灾害后使用，作为自燃防治材料技术仍有许多缺点，难以推广应用。

表 3-1　常用阻化剂的优缺点

材料	防灭火原理	优点	缺点
高聚物阻化剂	高聚物分子以及表面活性剂及少量助剂在煤颗粒表面固化，形成致密的固化层高聚物膜覆盖在煤的表面，隔绝煤和氧气，从而阻止煤的自燃	高聚物中表面活性剂使得煤粒与阻化剂充分接触。高聚物能固化形成致密的固化层高聚物膜，既能形成致密碳层，覆盖煤体表面，隔绝氧气，又能充分抓捕煤自燃氧化自由基，阻化煤氧化的进程，可重复利用	稳定性差，氧化分解会释放出可燃性气体，加速煤自燃
泡沫阻化剂	使用脲醛泡沫以及快速凝固而成的聚氨酯泡沫。物理泡沫则是稳定的低倍数泡沫或者在其中添加增塑剂通过机械搅拌形成的可塑性泡沫	泡沫的堆积能力和附着能力有限	稳定性差，由于泡沫始终要破碎，液膜难以持久存在于煤的表面，特别是煤的顶部、侧面。泡沫阻化剂的稳定性是主要的研究领域
复合阻化剂	将阻止自由基链反应的阻化剂（MMT 等）与高聚物阻化剂（LDHs 其他膨胀型阻化剂）复配制成复合阻化剂	既能覆盖煤表面，减少了煤体与空气的接触，又能捕获煤氧化链反应中的自由基，实质提高煤自燃阻化的效果，具有高效无毒、阻化成本低的特点，阻化煤具有较好的抗氧化性，长时间可保持较高的热值	阻化剂分散均匀

3.1.2 研究思路

近年来,高分子材料在民用、国防及工农业等领域的应用日益普及。然而,由于具有可燃、易燃性,这类材料引发的火灾已给人民生命和财产带来了严重威胁。因此,阻燃高分子材料愈来愈受到人们的重视,促进了新型阻燃技术研究的飞速发展。随着科技进步、人们安全和环保意识的逐步提高,单一阻燃剂往往难以满足高效、环保、绿色及抑烟等性能需求,迫切需要新型阻燃技术解决这一问题。复配技术是将两种或两种以上阻燃剂复合添加于高分子材料中,以综合不同阻燃剂的优势,使其性能互补,从而实现降低阻燃剂用量,提高材料阻燃性能、加工性能及物理机械性能等目的,已经逐渐成为阻燃领域的研究热点。同时,随着 Zn/Mg/Al - LDHs 的广泛应用,研究其制备条件及影响因素可为提高 LDHs 产率、降低生产成本以及进一步提高功能化应用效果奠定基础。因此,本章以共沉淀法制备 Zn/Mg/Al - LDHs,通过 XRD、FTIR、SEM 和 TG 分析研究金属离子比例、阴离子种类、过程强化方法(微波、超声)及其他合成条件(温度、pH 值、晶化时间等)对 LDHs 的组成、结构、热性能及焙烧复原性等的影响规律。其中,阴离子选用神府煤基腐殖酸阴离子,为煤中 LDHs 的生长机理、热分解过程及可重复利用提供理论基础和指导。

3.2 Zn/Mg/Al - LDHs 的制备

3.2.1 实验原料及仪器

实验用煤样为神府矿区张家峁 3^{-1}煤。氧化温度对工业分析及元素分析结果的影响见表 3 - 2。

表 3 - 2 氧化温度对工业分析和元素分析结果的影响

样品名称	工业分析			元素分析						
	Mad/%	Ad/%	Vdaf/%	C/%	H/%	O/%	N/%	S/%	O/C	H/C
SFC	7.29	4.27	36.42	81.72	4.79	11.95	1.15	0.38	0.111	0.702
$OSFC_{50,24}$	7.91	4.27	36.43	81.74	4.78	11.97	1.16	0.37	0.111	0.701
$OSFC_{75,24}$	7.98	4.31	36.45	81.72	4.79	11.97	1.16	0.37	0.113	0.700
$OSFC_{100,24}$	6.44	4.52	35.25	80.62	4.62	13.22	1.17	0.38	0.123	0.693
$OSFC_{125,24}$	3.78	5.23	39.74	79.97	4.93	13.71	1.15	0.36	0.129	0.742
$OSFC_{150,24}$	3.96	4.85	40.04	78.82	4.87	14.81	1.16	0.38	0.141	0.742

表 3 - 2(续)

样品名称	工业分析			元素分析						
	Mad/%	Ad/%	Vdaf/%	C/%	H/%	O/%	N/%	S/%	O/C	H/C
$OSFC_{160,24}$	3.12	5.23	40.76	74.16	3.46	20.78	1.18	0.37	0.212	0.563
$OSFC_{180,24}$	3.07	5.45	41.33	74.46	3.33	20.71	1.15	0.36	0.209	0.541
$OSFC_{200,24}$	2.13	6.13	42.55	74.13	3.18	21.19	1.16	0.35	0.214	0.522

主要实验仪器和设备列于表 3 - 3。

表 3 - 3　主要实验仪器及设备

实验仪器	型号	生产厂家
微波炉	MG - 5334SD	LG 公司
超声波清洗器	KQ3200B	昆山市超声仪器有限公司
电子天平	FA2004N	上海精密科学仪器有限公司
电动搅拌器	JJ - 1	江苏正基仪器有限公司
恒温水浴锅	HH - S4	北京科伟永兴仪器有限公司
离心机	TD5B	长沙英泰仪器有限公司
真空干燥箱	DZF	北京中兴伟业仪器有限公司
X 射线衍射仪	XRD - 7000	日本岛津公司
傅里叶变换红外光谱仪	Tensor27	德国布鲁克公司
扫描电镜	S4800	日本日立公司
热重分析仪	Q50	美国 TA 公司
DSC 差示扫描量热仪	200PC	德国耐驰仪器公司
粒度分析仪	LS230	美国贝克曼库尔特有限公司

主要试剂见表 3 - 4。

表 3 - 4　主要试剂

试剂名称	级别	生产厂家
氯化锌($ZnCl_2$)	A. R.	郑州派尼化学试剂厂

表 3-4(续)

试剂名称	级别	生产厂家
氯化镁($MgCl_2 \cdot 6H_2O$)	A. R.	郑州派尼化学试剂厂
结晶氯化铝($AlCl_3 \cdot 6H_2O$)	A. R.	西陇化工股份有限公司
氢氧化钠(NaOH)	A. R.	天津市河东区红岩试剂厂
无水碳酸钠(Na_2CO_3)	A. R.	西安化学试剂厂
无水乙醇(C_2H_5OH)	A. R.	西安化学试剂厂

3.2.2 主要实验过程

1. 煤基腐殖酸的制备

采用“碱溶酸析”方法对煤基腐殖酸进行提取及分离分级,其流程如图 3-1 所示。

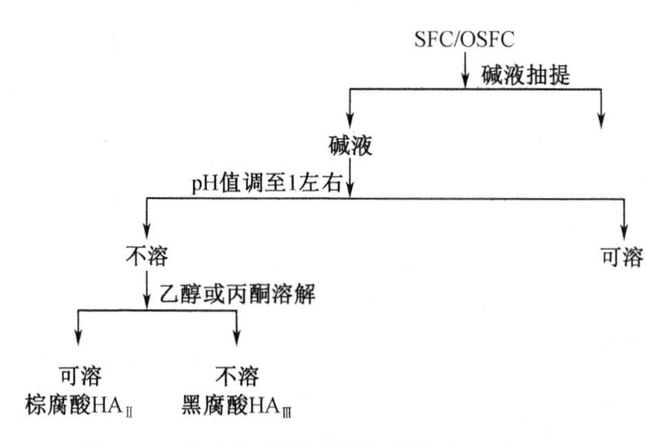

图 3-1 “碱溶酸析”法提取煤基腐殖酸流程图

首先将 100 g 氧化煤 $OSFC_{200,24}$ 溶于 1 500 mL 碱液(1 mol/L NaOH)中,在 N_2 保护下搅拌 24 h。然后对煤碱混合溶液进行抽滤,滤饼用 50 mL(1 mol/L NaOH)碱液洗涤再用去离子水洗涤至滤液无色,将所有滤液收集进行二次离心(25 min,2 500 r/min),得到总腐殖酸(HAs)碱溶液,测定其腐殖酸含量,并将其浓度稀释为 20%。

将 1 500 mL HAs 溶液用 36% 的盐酸溶液酸化至 pH≈1,离心分离收集上清液(黄腐酸溶液)和沉淀(棕、黑腐殖酸)。将黄腐酸溶液在 45 ℃旋转蒸发浓缩,然后用乙醇盐析(反复进行),最后得到黄腐酸的醇溶液,室温干燥 24 h,从蒸发皿刮取得到黄腐酸(HA_I)备用。将棕、黑腐殖酸滤饼用 0.5% (V/V) HCl: HF 脱灰处理

36 h,离心分离,沉淀用蒸馏水反复洗涤离心至 pH≈7,然后室温干燥,所得固体用乙醇溶解,振荡 12 h,静置过夜,离心分离,得到的上清液为棕腐酸的醇溶液,室温干燥 24 h,然后从蒸发皿刮取得到棕腐酸($HA_{Ⅱ}$)备用;将沉淀室温干燥 12 h 至块状,得到黑腐酸($HA_{Ⅲ}$)备用。

2. LDHs 的制备

图 3－2 展示了不同 Zn/Mg/Al－LDHs 的制备流程。

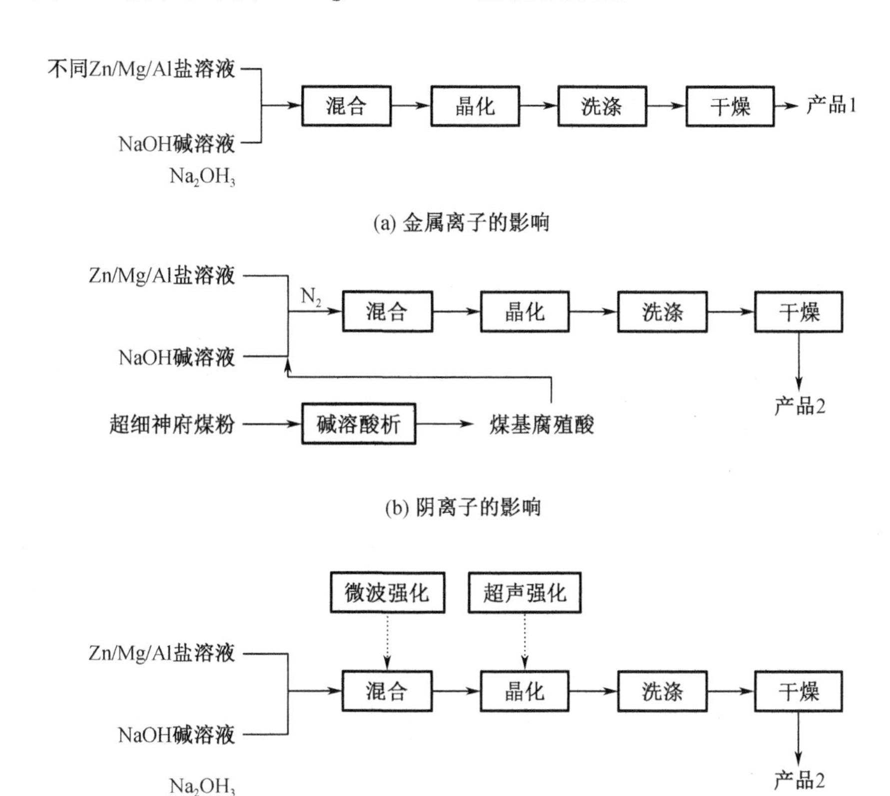

图 3－2　Zn/Mg/Al－LDHs 的制备流程图

(1)金属离子对 Zn/Mg/Al－LDHs 的影响

Zn/Mg/Al－CO_3－LDHs 的制备按照图 3－2(a)所示流程,采用共沉淀法。取 200 mL 混合盐溶液 A(由 0.2 M 的氯化锌、氯化镁和氯化铝的水溶液按 $n(Zn^{2+})/n(Mg^{2+})/n(Al^{3+})$ 比例配制)于 500 mL 的三口烧瓶中,用 150 mL 混合碱溶液 B_1($c(OH^-)/c(CO_3^{2-})=2.25$,$c(OH^-)=0.75$ mol/L)逐滴滴定盐溶液,快速搅拌,控制

滴定终点 pH 值为 9.0 ~ 11.0,滴定完成后继续剧烈搅拌 1 h 后于 70 ℃水浴晶化 24 h,然后用去离子水离心洗涤直至无 Cl^-,75 ℃干燥 24 h 并研磨得到样品。

金属盐溶液 A 中 $n(Zn^{2+})/n(Mg^{2+})/n(Al^{3+})$ 比例 R 分别控制为 1:1:1(R_1),1:2:1(R_2),1:3:1(R_3),1:4:1(R_4),1.5:1.5:1(R_5)。产品分别标记为 LDHs - R_1,LDHs - R_2,LDHs - R_3,LDHs - R_4及 LDHs - R_5。

(2)阴离子对 Zn/Mg/Al - LDHs 的影响

Zn/Mg/Al - NO_3 - LDHs 的制备按照图 3 - 2(b)所示流程,采用共沉淀法制备。取 200 mL 混合盐溶液 A($n(Zn^{2+})/n(Mg^{2+})/n(Al^{3+})$ = 1:2:1,$c((Zn^{2+})+(Mg^{2+})+(Al^{3+}))$ = 0.2 mol/L)与 150 mL NaOH 碱溶液($c(OH^-)$ = 0.75 mol/L)同时滴入盛有 20 mL 脱 CO_2 去离子水的三口烧瓶中,N_2保护条件下快速搅拌,控制滴定终点 pH 值为 9.0 ~ 11.0。剧烈搅拌 1 h 后于 70 ℃水浴晶化 24 h,并用脱 CO_2 去离子水离心洗涤直至无 Cl^-,75℃真空干燥 24 h、研磨得到样品,记为 LDHs - NO_3。

Zn/Mg/Al - HAs - LDHs 的制备按照图 3 - 2(b)所示流程,采用共沉淀法。取 200 mL 混合盐溶液 A($n(Zn^{2+})/n(Mg^{2+})/n(Al^{3+})$ = 1:2:1,c($(Zn^{2+})+(Mg^{2+})+(Al^{3+})$) = 0.2 mol/L),分别与 200 mL 5% HAs、10% HAs 碱溶液在上述 Zn/Mg/Al - NO_3 - LDHs 制备相同条件下,制备 Zn/Mg/Al - HAs - LDHs,分别标记为 LDHs - HAs - 5%,LDHs - HAs - 10%,LDHs - HAs - 20%。

不同腐殖酸级分 $HA_{Ⅰ}$、$HA_{Ⅱ}$和 $HA_{Ⅲ}$。插层型 Zn/Mg/Al - LDHs 制备,采用与 Zn/Mg/Al - HAs - LDHs 相同工艺流程及条件,仅用含 $HA_{Ⅰ}$(或 $HA_{Ⅱ}$或 $A_{Ⅲ}$)10% 的 200 mL 1.0 mol/L NaOH 溶液代替混合腐殖酸碱溶液。所制样品分别标记为 LDHs - $HA_{Ⅰ}$、LDHs - $HA_{Ⅱ}$,以及 LDHs - $HA_{Ⅲ}$。

(3)微波和超声强化方式对 Zn/Mg/Al - LDHs 的影响

采用微波超声共同辅助共沉淀法制备 Zn/Mg/Al - CO_3 - LDHs,流程如图 3 - 2(c)所示。取 200 mL 混合盐溶液($n(Zn^{2+})/n(Mg^{2+})/n(Al^{3+})$ = 1.5:1.5:1)于 500 mL 三口烧瓶中,用 150 mL 混合碱溶液 B_1($c(OH^-)/c(CO_3^{2-})$ = 2.25,$c(OH^-)$ = 0.75 mol/L)逐滴滴定盐溶液,快速搅拌,控制滴定终点 pH 值为 9.0 ~ 11.0,滴定完成后继续在超声作用下搅拌 10 ~ 60 min,于 70 ℃水浴微波作用下晶化 10 ~ 70 min。然后用去离子水离心洗涤直至无 Cl^-,75 ℃干燥 24 h 并研磨得到样品,样品分别标记为 LDHs - UtMt,如 LDHs - U_1M_2表示超声辐照 10 min,微波辐射 20 min 强化制备的 LDHs - R_5样品。

3. LDHs 与煤的复配物及热性能研究

样品制备:采集色连煤对其进行研磨筛选处理,得到粒径 150 目的实验煤样。将定量纯 $Zn_1Mg_2Al_1$ - CO_3 - LDHs 加入 20 g 神府氧化煤 $OSFC_{200,24}$中,机械研磨制备神府氧化煤与 LDHs 的复配材料样品,记为 OCLCm,其中 m 表示机械共混制备方法，LDHs 的添加量分别为 5%、10%、15%、20% 及 25% 时，将产物分别记为 OCLCm – 5%、OCLCm – 10%、OCLCm – 15%、OCLCm – 20% 及 OCLCm – 25%。

实验条件：每次将 10 mg 实验样品放置于实验仪器中进行实验，测试的温度初始为 35 ℃，结束时为 700 ℃。

测试试验样品的要求：温度上升速度为10 ℃/min，氧气供给比例（体积百分比）为 21%。测试结束以后保留 TG 数据。

3.2.3　Zn/Mg/Al – LDHs 的表征

（1）采用日本岛津公司的 XRD – 7000 X 射线衍射仪，射线源 CuKa 靶，λ 为 0.154 nm，电压 40 kV，电流 30 mA，扫描速度 0.15°/s，扫描步长 0.02°，角度范围 $2\theta = 3 \sim 70°$。

（2）采用德国布鲁克公司的 Tensor27 型傅里叶变换红外光谱仪，采用 KBr 压片法制样，测试范围为 4 000 ~ 400 cm^{-1}，分辨率 4 cm^{-1}，扫描 32 次，利用 DTGS（氘化硫酸三苷肽）检测器进行检测。

（3）LDHs、总腐酸及黑腐酸 LDHs 的 SEM 测试在日本 EJOL 公司的 JSM – 6460LV 扫描电子显微镜上进行，黄腐酸及棕腐酸型 LDHs 利用场发射扫描电镜（JSM – 6700F）在高倍下测试。其他样品采用日本日立公司生产的 S4800 型冷场扫描电镜。将少量粉末样品涂在导电胶上，喷金后，固定在样品台上进行观察。

（4）采用美国 TA 公司生产的 Q50 型热重分析仪，升温速率 20 ℃/min，工作温度从室温到 600 ℃，工作气氛为氮气，流量为 100 mL/min，样品质量为 8 ~ 10 mg。

3.3　实验结果分析

3.3.1　金属离子比例对 Zn/Mg/Al – CO_3 – LDHs 的影响

不同金属离子比例 Zn/Mg/Al – CO_3 – LDHs 的 XRD 谱图如图 3 – 3 所示。由图可知，产品均呈典型的 LDHs 结构。衍射峰的基线低而平稳，峰形尖锐，且对称性好，说明成功制备出了晶相单一且结晶度高的锌镁铝 LDHs。随着 Mg^{2+} 含量的增加，LDHs 的特征衍射峰的强度均减弱，说明 LDHs 的结晶程度变低。随着 Mg^{2+} 含量的增加，LDHs 层板厚度及直径均显著降低。

LDHs 的热分解过程一般包括表面吸附水与层间水的脱除、层板羟基及层间阴离子的脱除过程。结合图 3 – 4 和图 3 – 5 及表 3 – 5 分析可知，不同金属离子比例 Zn/Mg/Al – CO_3 – LDHs 的热分解过程包括表面吸附水与层间水的脱除、层板羟基及层间阴离子的脱除，其分别对应分解温度范围 Δ1 和 Δ2。在表面吸附水与层间水的吸热脱除过程中，$Zn_1Mg_1Al_1$ – LDHs 失重量最大，水分含量最大为 16.50%，脱水温度范围为 65.37 ~244.59 ℃，层间结合水的脱除对应的吸热峰强度最大；$Zn_1Mg_3Al_1$ – LDHs 失重量次之，水分含量为 16.14%，但脱水吸热过程温度范围显著扩大至 55.21 ~262.99 ℃；$Zn_1Mg_2Al_1$ – LDHs 及 $Zn_1Mg_4Al_1$ – LDHs 中水分含量依次降低，且脱水吸热温度范围较 $Zn_1Mg_1Al_1$ – LDHs 向低温移动。由表 3 –5 可进一步发现，随着 Zn/Mg/Al – CO_3 – LDHs 中 Mg 元素含量的增加，不同 LDHs 的热分解峰温逐渐降低，证明 Zn/Mg/Al – CO_3 – LDHs 中的水分逐渐以吸附水为主，失重量也逐渐增加，但层间 CO_3^{2-} 的脱除峰温逐渐升高，且吸热峰强度逐渐增加，而 – OH 的脱除峰温逐渐移向高温且强度降低。

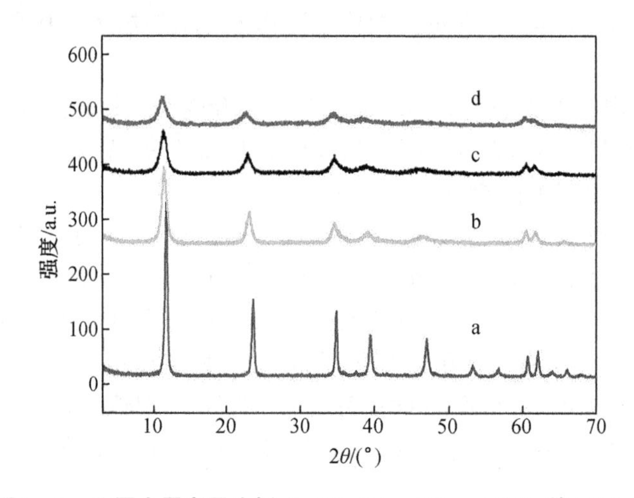

图 3 –3　不同金属离子比例 Zn/Mg/Al – CO_3 – LDHs 的 XRD 谱图

Zn/Mg/Al – CO_3 – LDHs 的 TG – TDG 曲线如图 3 –4 所示。

由于镁原子半径小于锌原子半径，随着镁离子含量的增加，LDHs 层板电荷密度显著增大，为平衡层板电荷，需要提高层间阴离子即 CO_3^{2-} 的含量；随着相邻层板间距离的减小及 CO_3^{2-} 含量的升高，层间结合水的含量显著降低，宏观表现为水分含量的降低及吸附水为主的特征。

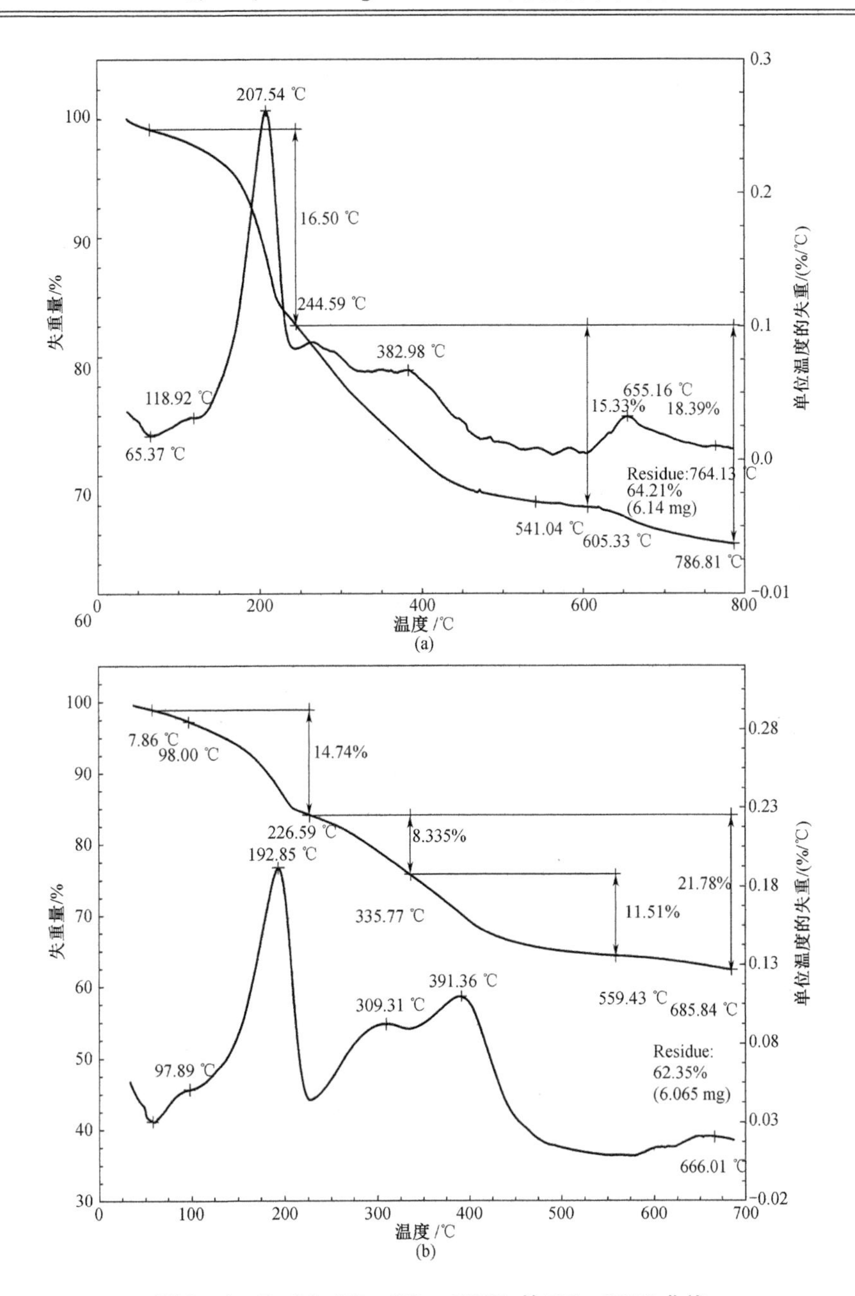

图 3－4　Zn/Mg/Al－CO_3－LDHs 的 TG－DTG 曲线

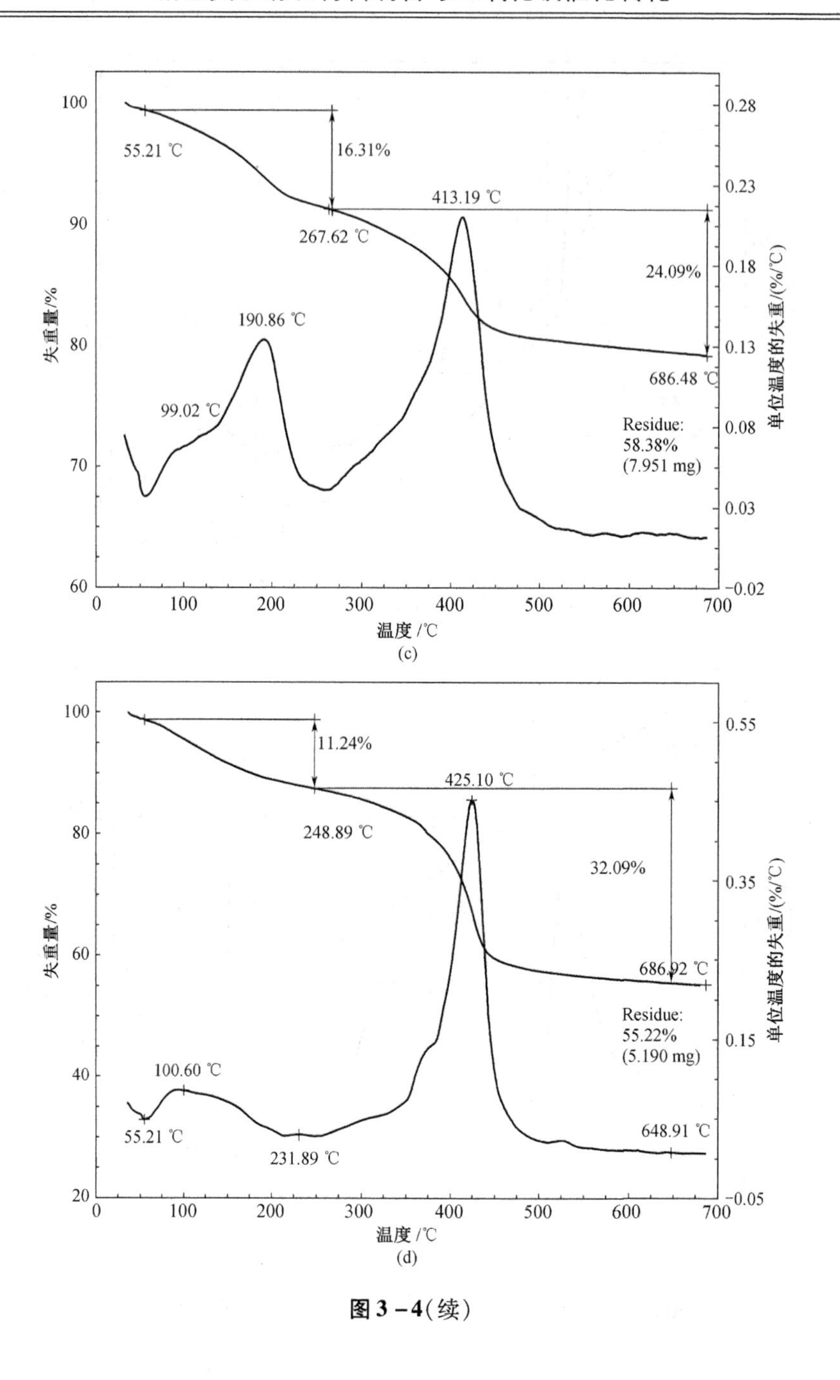
100
90
80
70
60
失重量/%
55.21 ℃
16.31%
413.19 ℃
267.62 ℃
24.09%
190.86 ℃
686.48 ℃
99.02 ℃
Residue:
58.38%
(7.951 mg)
0.28
0.23
0.18
0.13
0.08
0.03
−0.02
单位温度的失重/(%/℃)
0
100
200
300
400
500
600
700
温度 /℃
(c)
100
80
60
40
20
失重量/%
11.24%
425.10 ℃
248.89 ℃
32.09%
686.92 ℃
Residue:
55.22%
(5.190 mg)
100.60 ℃
55.21 ℃
231.89 ℃
648.91 ℃
0.55
0.35
0.15
−0.05
单位温度的失重/(%/℃)
0
100
200
300
400
500
600
700
温度 /℃
(d)

图 3 – 4(续)

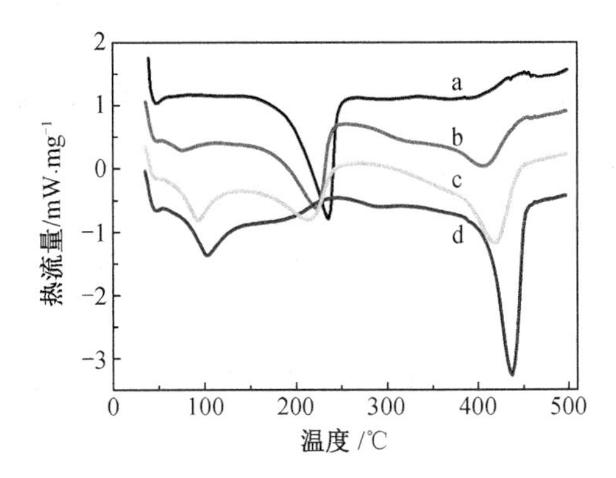

图 3－5　不同金属离子比例 Zn/Mg/Al－CO_3－LDHs 的 DSC 曲线

表 3－5　不同金属离子比例 Zn/Mg/Al－CO_3－LDHs 的 TG 和 DTG 分析结果

样品名称	LDHs－R_1	LDHs－R_2	LDHs－R_3	LDHs－R_4
表面吸附 H_2O 与层间 H_2O 脱除温度范围 Δ1/℃	65.37～244.59	57.86～226.59	55.21～262.99	55.21～248.89
表面吸附 H_2O 与层间 H_2O 的脱除峰温/℃	207.54	192.85	190.86	100.60
表面吸附 H_2O 与层间 H_2O 的脱除失重量/%	16.50	14.74	16.14	11.24
层板－OH 及层间 CO_3^{2-} 脱除温度范围 Δ2/℃	244.59～764.13	226.59～685.84	262.99～686.48	248.89～648.91
层板 CO_3^{2-} 的脱除峰温/℃	382.98	391.36	413.19	425.10
层间－OH 脱除峰温/℃	655.16	666.01	—	—
层板－OH 及层间 CO_3^{2-} 的脱除失重量/%	18.39	21.78	24.09	32.09
残渣量/%	64.21	62.35	58.38	55.22

3.3.2 阴离子环境对 Zn/Mg/Al – LDHs 结构的影响

研究不同腐殖酸环境中，阴离子对 LDHs 结构、形貌的影响对于揭示煤在 LDHs 合成过程中的作用具有十分重要的借鉴意义。

图 3 – 6 是 LDHs – NO_3，LDHs – HAs – 20% 以及总腐酸 HAs 的 XRD 谱图。所有样品均存在与 LDHs 相似的特征衍射峰(JCPDS 卡 NO. 51 – 1528)。LDHs – HAs – 20% 的结晶度较低，2θ 为 25.52°处为腐殖酸的无定形衍射峰，2θ 分别为 8.48°和11.32°处存在两个 003 晶面衍射峰，说明了 HAs 插层 LDHs(层间距 d_{003} = 1.04 nm)，并且与 Zn/Mg/Al – CO_3 – LDHs(d_{003} = 0.78 nm)同时存在于检测样品中，说明尽管采用了 N_2保护，在合成过程中仍然存在 CO_2 污染。由于 LDHs – NO_3的产物纯度足够高，在其谱图中仅存在一个 003 衍射峰(d_{003} = 0.80 nm)。LDHs 层板厚度为 0.48 nm，LDHs – HAs 纳米复合材料的层间通道高度大约为 0.56 nm，意味着发生了 HAs 的插层。根据分子动力学，按照能量最小化原则，模拟了 HAs 的分子结构，发现 HAs 的任何方向轴向长度均大于 0.56 nm，因此，LDHs – HA – 20 的层间高度增加是 HA 官能团部分插层及柱撑造成的，这与 Santosa 等的研究结果一致。有人通过 Mg/Al – LDHs 对腐殖酸的吸附特性研究，发现吸附主要发生在 Mg/Al – LDHs 的表面上，柱撑作用较弱，而 Zn/Al – LDHs 对腐殖酸的吸附主要是层间柱撑的结果，有较高的活化能。

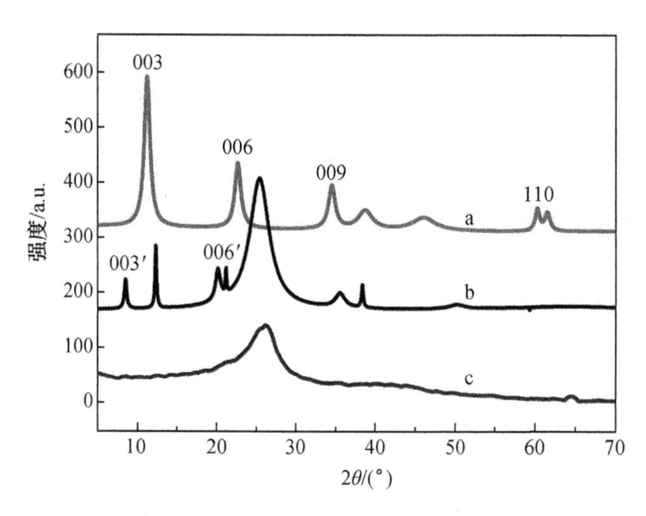

图 3 – 6 LDHs – NO_3，LDHs – HAs – 20%和总腐酸 HAs 的 XRD 谱图

HAs、LDHs - NO_3以及不同 HAs 浓度下 Zn/Mg/Al - HAs - LDHs 的 FTIR 谱图如图 3 - 7 所示。LDHs - NO_3和 LDHs - HAs 在 3 600 ~ 3 400 cm^{-1}均存在一个宽峰,归因于羟基官能团的伸缩振动。同时,金属氧 M—O—M 分别在 450 cm^{-1}及 780 cm^{-1} 处存在伸缩振动峰,表明了 LDHs 层状有序的结构特征。另外,LDHs - NO_3在 1 630 cm^{-1}处存在水分子的弯曲振动峰,在 1 384 cm^{-1}处存在 NO_3^- 的 N—O 伸缩振动峰。

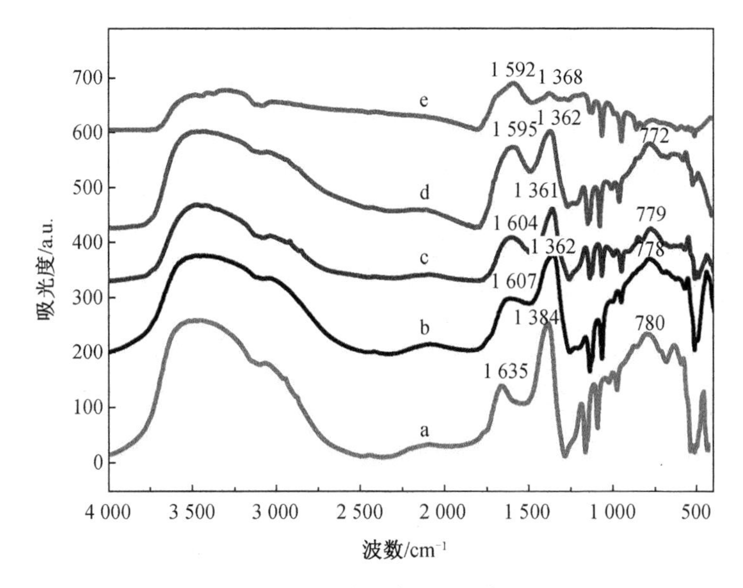

图 3 - 7　样品的 FTIR 谱图

在不同 HAs 浓度下 Zn/Mg/Al - HAs - LDHs 谱图中,均可以同时观察到 LDHs 层板和插层 HAs 的特征衍射峰。所有谱图的最直接的特点是在 1 600 cm^{-1}和 1 400 cm^{-1}处产生的羧基官能团 COO—的伸缩振动峰。另外,在合成过程中的腐殖酸含量越高,该羧基伸缩振动峰向低波数的位移越显著,说明 HAs 中的 COO—与 LDHs 中的—OH 相互作用程度逐渐增加。同时,在 1 360 cm^{-1}处的波峰主要是 CO_3^{2-} 的C—O 伸缩振动峰。因此,可以推断 HAs 部分结构插层到 LDHs 层间,与 CO_3^{2-} 共存。结果表明,COO—是 HAs 插层的主要官能团。

LDHs - NO_3、LDHs - HAs - 5% 及 LDHs - HAs - 10% 的 SEM 谱图如图 3 - 8 所示。由图 3 - 8 可知,LDHs - NO_3为纳米 LDH 层片无规则堆积产生的团聚体。当腐殖酸存在时,可发现有球形 LDHs 团簇生成,且随着腐殖酸浓度的增加,球形团簇的直径减小,且在表面出现弯曲的 LDHs 层板。

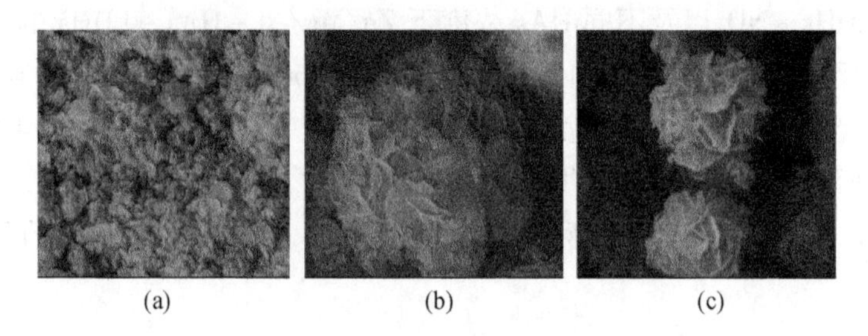

图 3-8 $LDHs-NO_3$、LDHs-HAs-5%及 LDHs-HAs-10%的 SEM 谱图

腐殖酸对 LDHs 形貌的诱导机理可用图 3-6 描述。腐殖酸对金属离子的络合作用使得其在 LDHs 层板表面产生强烈的吸附作用,限制了层板的堆积生长,并诱导层板沿着腐殖酸的弯曲界面生长而发生了形变。

HAs 和不同 Zn/Mg/Al-HAs-LDHs 的 DSC 曲线如图 3-9 所示。由图 3-9 可知,在程序升温分解过程中,Zn/Mg/Al-HAs-LDHs 的吸热峰强度随 HAs 含量的增加而降低。

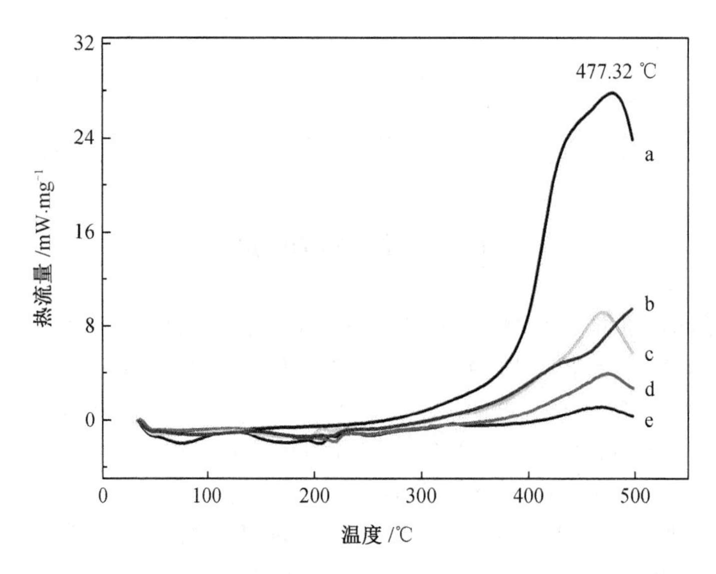

图 3-9 样品的 DSC 曲线

3.3.3 Zn/Mg/Al-LDHs 的阻燃性能

表 3-6 为神府煤及不同 OCLCm 复合材料的特征温度点,其中临界温度 T_1 可以体现煤的自燃倾向性。与神府煤样的 T_1(64.32 ℃)相比,不同材料的临界温度

均升高,初步证明 $Zn_1Mg_2Al_1 - CO_3$ - LDHs 的吸热失重引起神府氧化煤的自燃倾向性降低。因此,$Zn_1Mg_2Al_1 - CO_3$ - LDHs 可以作为神府氧化煤的阻化剂。OCLCm 中,当 $Zn_1Mg_2Al_1 - CO_3$ - LDHs 添加量为 15% 时,防止煤自燃效果较好。在原位共沉淀法复合材料中由于 $Zn_1Mg_2Al_1 - CO_3$ - LDHs 以纳米纤维状分散,因此具有较好的煤自燃防治效果。

表 3-6 神府煤及不同 OCLCm 复合材料的特征温度点

样品	T_1/℃	T_2/℃	T_3/℃	T_4/℃	T_5/℃	T_6/℃	T_7/℃
神府煤	64.32	152.25	240.19	272.85	415.77	457.36	693.33
OCLCm - 5%	68.54	179.13	241.74	265.85	408.50	465.06	725.51
OCLCm - 10%	67.31	181.29	240.68	263.96	412.31	467.00	675.11
OCLCm - 15%	69.43	182.89	240.34	260.53	412.54	468.15	688.31
OCLCm - 20%	66.71	—	—	244.49	410.72	464.02	734.44
OCLCm - 25%	67.08	—	—	239.32	410.55	462.99	740.39
OCLCs - T_5	74.62	—	—	227.13	405.30	461.10	690.03

3.4 小　　结

(1)采用共沉淀法制备了具有层状结构的晶相单一、结晶度较高的 Zn/Mg/Al - CO_3 - LDHs,Mg^{2+} 含量的增加使 LDHs 层板厚度及直径均明显减小,结晶程度降低。

(2)N_2气氛保护下,用共沉淀制备出总腐酸(HAs)部分插层型 Zn/Mg/Al - HAs - LDHs,HAs 阴离子与 CO_3^{2-} 在 LDHs 层间共存,HAs 中的羧基(COO—)与 LDHs 中的羟基(—OH)之间存在相互作用。Zn/Mg/Al - HAs - LDHs 结晶度较低,呈现球状团簇状,且随着 HAs 离子浓度的增加,球状团簇的直径减小,产物表面出现 LDHs 的弯曲层板。

(3)随着溶液中金属离子 Mg^{2+} 含量的增加,Zn/Mg/Al - LDHs 层板厚度及直径均明显减小,结晶程度降低。后期可以考虑采用超声、微波辅助提高共沉淀法合成 LDHs 晶体颗粒的均匀性,并且使粒径减小、团聚降低。

(4)煤基腐殖酸阴离子可以实现部分插层 Zn/Mg/Al - LDHs(Zn/Mg/Al - HAs - LDHs),并与 CO_3^{2-} 共存于 LDHs 层间,煤基腐殖酸中的羧基官能团(COO—)与 LDHs 层板羟基(OH—)之间存在氢键相互作用。产物结晶度较低,呈现球形团簇状，且随着腐殖酸浓度的增加，该球状团簇直径减小，且在表面出现弯曲的 LDHs 层板。黄腐酸、棕腐酸及黑腐酸对 LDHs 的插层效果受分子大小、位阻效应以及共轭效应的影响而各不相同。

（5）结合以上实验结果，以及阻化剂 LDHs 对煤中官能团的影响分析，假设性提出 LDHs 与煤的吸附及热效应耦合机理：LDHs 由于层板间存在结合水以及层间吸附的阴离子，当 LDHs 覆盖在煤表面并进行吸附后，阻挡了氧气与煤的接触，防止氧气在煤表面与煤进行反应。煤中的—COO—等含氧官能团与 LDHs 上—OH 能够形成弱氢键这种化学键，进而抑制煤中较为活泼的—COO—含氧官能团继续进行低温氧化反应。同时，LDHs 在吸热分解过程中也能够吸收煤低温氧化阶段放出的热量，并生成 CO_2、H_2O 等气体，从而使煤温升高的速率有所减缓。在煤自燃过程中，LDHs 与煤进行复配后，复配物 SL－LDHs 能够形成严密的阻隔层，防止煤进一步进行氧化反应，从而起到一定的抑制煤自燃的作用。同时证明类水滑石材料作为固体粉末状阻化剂对煤自燃阻化效果整体较好，具有良好应用前景。

第4章　Cu/Fe/Al - LDHs的制备和应用

4.1　引　　言

目前,二氧化碳的人工光合作用以其高效率的能量转换方式、清洁无污染等诸多优点显现出独特优势,在未来十大能源排行榜上位居第一。因此,二氧化碳光催化水还原制碳氢燃料技术被认为是很有前景的 CO_2 循环利用方法之一。Adachi 等研究发现,Cu 掺杂 TiO_2 纳米粉体制备的光催化剂,在 Xe 灯照射下可以还原 CO_2 得到甲烷、乙烯、乙烷等产物。Minkyu Park 等制备了 TiO/x mol% Cu - TiO 双层膜光催化剂,发现该双层膜催化剂可以有效阻止电子和空穴的复合,提高了甲烷的产率。Ying Liu 等研究发现 La 改性二氧化钛催化剂可以提高 CO_2 光催化还原制备甲烷的选择性。作为典型的光催化反应,研究者们以 TiO_2 为基础,对光催化还原 CO_2 做了一些深入的探索,取得了一些成绩,但由于其反应过程复杂,反应的转化率和光催化产物的选择性依然偏低,因此寻找合适的光催化剂,提高光催化反应的转化率和光催化产物的选择性,是目前 CO_2 光催化还原技术的难点和重点。

在第2章中已表述,LDHs 由于层间金属离子的可交换性、阴离子可插层及其半导体特性,在新型光催化剂开发研究呈现出很好的发展前景,成为 CO_2 光催化还原中光催化剂的重要选择对象。因此,本章采用共沉淀法制备 Cu/Fe/Al - LDHs 催化剂,并以 Cu^{2+} 含量为影响因素,结合 XRD、SEM、TG、UV 以及 FTIR 等方法对其进行表征。研究发现:不同摩尔比的 Cu/Fe/Al - LDHs 均为典型的层状结构半导体材料,且随着 Cu^{2+} 含量的逐步增加,Jahn - Teller 效应增强,Cu/Fe/Al - LDHs 的结晶度下降。通过常温、常压下的催化剂对 $CO_2(g) + H_2O(g)$ 光催化还原制 CH_4 的反应,验证了不同摩尔比的催化剂均具有光催化反应活性;讨论了经过不同温度焙烧后的 Cu/Fe/Al - LDHs 的光催化活性,结果表明:焙烧后形成的 $CuFe_2O_4$ 和 $CuAl_2O_4$ 等混合氧化物的光催化性能更好,CH_4 产率更高。

4.2 Cu/Fe/Al－LDHs 的制备

4.2.1 实验原料及仪器

样品制备所用的试剂均为分析纯,没有进行任何纯化处理,水为去离子水。表4－1、表4－2 分别为样品制备的实验试剂表和实验仪器表。

表4－1 实验试剂表

试剂	分子量	纯度	生产厂家
氯化铜($CuCl_2$)	134.45	AR	国药集团化学试剂有限公司
氯化铁($FeCl_3$)	162.20	AR	国药集团化学试剂有限公司
六水合氯化铝($AlCl_3 \cdot 6H_2O$)	241.34	AR	国药集团化学试剂有限公司
氢氧化钾(KOH)	56.11	AR	天津市北辰区方正试剂厂
碳酸钠(Na_2CO_3)	105.99	AR	天津市北辰区方正试剂厂

表4－2 实验仪器表

设备名称	型号	生产厂家
电子天平	AL204	梅特勒－托利多国际贸易(上海)有限公司
玻璃仪器	—	天津市天波玻璃仪器有限公司
实验室 pH 计	PHSJ－5	上海精密科学仪器有限公司
磁力搅拌器	85－1 型	上海司乐仪器有限公司
数显智能控温磁力搅拌器	SZCL－3A	巩义市予华仪器有限责任公司
循环水真空泵	SHZ－Ⅲ	上海亚荣生化仪器厂
数控超声波清洗器	KQ3200DE	昆山市超声仪器有限公司
干燥烘箱	101－1 型	上海实验仪器总厂
电热鼓风干燥箱	DHG－9070A 型	上海一恒科学仪器有限公司
蠕动泵	BT100－2J	保定兰格恒流泵有限公司
节能箱形电阻炉	XL－1	天津市通达实验电炉厂
质量流量计	DOF19B	北京七星华创电子股份有限公司
氧气减压器	YQY－342	上海减压器厂有限公司

表 4 – 2(续)

设备名称	型号	生产厂家
氮气减压器	YQD – 6	上海减压器厂有限公司
氢气减压器	YQQ – 352	上海减压器厂有限公司
气相色谱	SHIMADZU GC – 8A	岛津分析仪器公司

样品的晶体结构采用日本理学公司的台式 X 射线衍射 MiniFlex600 测定，测定的条件为：Cu 靶 Ka 辐射，管电压 30.0 kV，管电流 10.0 mA，步程 0.02，扫描范围 3° ~ 80°；样品的微观形貌采用 S – 4800 型扫描电镜检测，分别放大 10 000 倍、30 000 倍、50 000 倍。样品的 TG – DSC 分析采用瑞士梅特勒 – 托利多公司生产的热分析仪测定，测试时连续通入氮气，测试的温度范围为 35 ~ 700 ℃，升温速率为 10 ℃/min。样品的 FTIR 测试采用德国布鲁克公司生产的 Tensor 27 型傅里叶变换红外光谱仪，检测样品的官能团结构特征。用 KBr 压片制样，将测试样品及溴化钾真空干燥，样品和溴化钾按质量比 1∶150 混合并研磨压片。光谱仪分辨率为 4 cm^{-1}，扫描次数为 32 次，测定范围为 4 000 ~ 400 cm^{-1}。紫外 – 可见漫反射光谱采用美国 Perkin Elmer Lambda 950 型紫外可见分光光度计测定，将 $BaSO_4$作为参比标准白板，进而得到紫外 – 可见漫反射光谱。

4.2.2　主要实验过程

将物质的量浓度均为 50 mmol/L 的 $CuCl_2$、$FeCl_3$、$AlCl_3$溶液，按 1∶1∶1 的比例均匀混合；取 100 mL 混合溶液至三口烧瓶，用分液漏斗滴加 OH^- 浓度为 0.75 mol/mL，OH^-与 CO^{2-} 的摩尔比为 2.25∶1 的 KOH/Na_2CO_3溶液到三口烧瓶中，并调节 pH 值到 9 ~ 10；继续搅拌 1 h 后，移至恒温水浴锅中 60 ℃ 水浴晶化 24 h；之后用去离子水抽滤洗涤至无 Cl^-，真空干燥 24 h，研磨得到 Cu/Fe/Al – LDH 物质的量之比为1∶1∶1 的水滑石样品。同样的方法制备摩尔比分别为 2∶1∶1、3∶1∶1 的 Cu/Fe/Al – LDHs 样品。

在连续进样式活性评价系统中测试所有的样品光催化转化 CO_2 – H_2O(g)的活性。将 1.0 g 催化剂均匀平铺在石英管中间部位，打开水汽发生器，温度上升至设定温度 60 ℃后，打开 CO_2 气瓶及流量控制器，流量为 80 mL/min，连续通入 CO_2 气体 10 min，以排出管道内空气。在紫外光照射下进行 CO_2 光催化还原，还原后的混合气体由上海灵华仪器有限公司制造的 GC9890 型气相色谱仪进行在线定量分析，进样器温度为120 ℃，柱温设定为 50 ℃，检测器温度为 100 ℃。

4.2.3 Cu/Fe/Al - LDHs 的表征

图 4 - 1 为 Cu/Fe/Al - LDHs 的 X 射线衍射图谱。从图 4 - 1 中可观察到不同 LDHs 均有由(003)(006)(009)等晶面衍射峰,呈现出典型的 LDHs 层状结构特征衍射峰的特征。但在 40°和 60°附近部分晶面峰形较弱,这是由于 Cu^{2+} 的 Jahn - Teller 效应,使其进入层板后形成以 Cu^{2+} 为中心的扭曲八面体配位结构,导致层板稳定性降低,在形成 Cu/Fe/Al - LDHs 的同时,有少量 CuO 生成。比较图 4 - 1 谱线 a、b、c 可知,随着 Cu^{2+} 含量的逐步增加,Cu/Fe/Al - LDHs 的结晶度随之下降,CuO 的特征衍射峰越明显,表明 Cu^{2+} 含量越高,Jahn - Teller 效应越强,即主客体间的静电力作用力减弱,体系的结合能绝对值减小,体系的稳定性下降,合成水滑石就越困难。

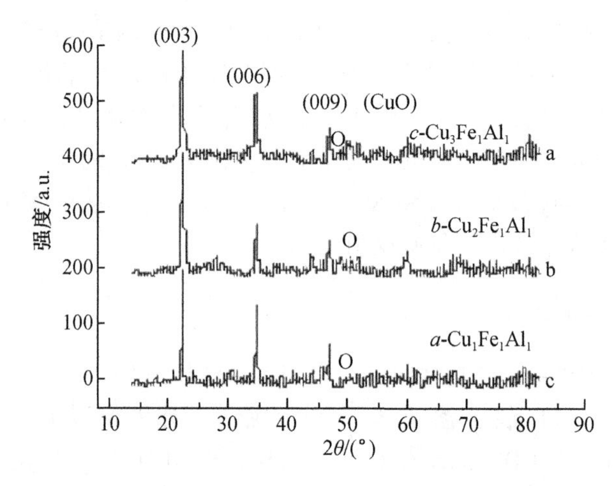

图 4 - 1 Cu/Fe/Al - LDHs 的 X 射线衍射图谱

图 4 - 2 给出了结晶度最好的 Cu/Fe/Al - LDHs 不同温度条件下焙烧后 X 射线衍射图谱。比较图 4 - 1 中的谱线 a 和图 4 - 2 中的谱线 a、b、c 可以发现,焙烧后 Cu/Fe/Al - LDHs 的(003)(006)(009)等晶面特征衍射峰随焙烧温度升高而减弱,而在 35°左右出现最强的衍射峰。分析图 4 - 2 中的谱线 c 发现,该谱线已呈现尖晶石化合物的结构特征,最强峰对应的晶面是焙烧后形成的四方型铁酸铜、铝酸铜、铝酸铁等尖晶石晶体结构。从图 4 - 2 中还可以看出,480 ℃焙烧的 Cu/Fe/Al - LDHs 水滑石结构并未完全坍塌,这与图 4 - 4 中 TG 分析 Cu/Fe/Al - LDHs 晶型完全向混合氧化物转变的温度在 580 ℃左右的吻合。

图4 - 3 为 Cu/Fe/Al - LDHs 的 SEM 照片。由图4 - 3 可知所合成的类水滑石样品表现出无规则排列的片状结构,与 X 射线衍射图谱显示的层状结构相符合,但样品呈层片堆叠状,且片层大小不均匀,结晶不完全。从图 4 - 3 中还可以看出水滑石样品有团聚现象,图片中观察到其粒径为 1 ~ 5 μm,而实际测定其平均粒径为 60 ~ 66 μm,远远大于 SEM 照片中的片层大小,说明样品表面能较大,团聚现象较严重。

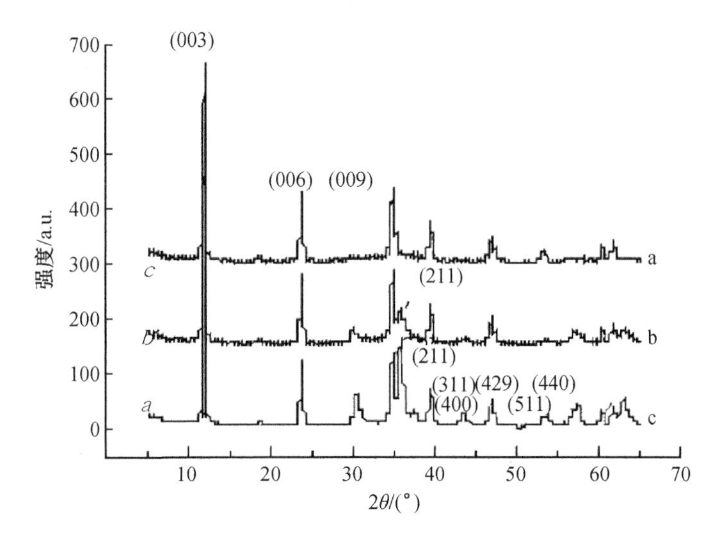

图4 - 2　不同温度焙烧 Cu/Fe/Al - LDHs 的 X 射线衍射图谱

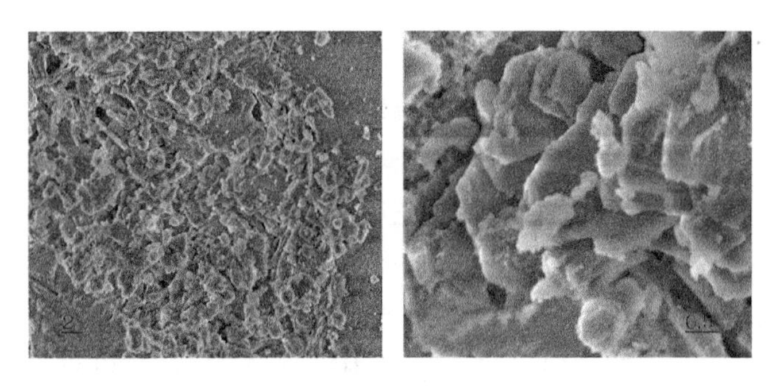

图4 - 3　Cu/Fe/Al - LDHs 的 SEM 图

图4 - 4 为 Cu/Fe/Al - LDHs 的 TG - DSC 曲线图,分析可知各官能团脱除的温度,从而确定下一步 Cu/Fe/Al - LDHs 热处理的温度。由图 4 - 4 可知 Cu/Fe/Al - LDHs 样品的干燥脱水温度范围在 50 ~ 180 ℃,主要脱除的是表面吸附水和层间

水;180 ~250 ℃之间的失重主要归因于层间 CO_2 和层板羟基的聚合脱水,对应于DSC 曲线上相应温度区间内较大的吸热峰,此阶段失重约 25%;250 ~480 ℃阶段的失重则与杂离子分解和脱除有关;大于 480 ℃以后的失重应归因于晶型转变形成结晶不完全的 CuO、Fe_2O_3和 $CuAl_2O_4$等混合型氧化物,对应于 DSC 曲线上的放热效应。比较图 4 -4 中的谱线 a、b、c 可知,随着 Cu^{2+} 含量的逐步增加,LDHs 的结晶度下降,相应层间水、层间 CO^{2-} 和层板羟基的含量减少,总的失重比例也逐渐降低。大于 480 ℃以后,不同 Cu/Fe/Al - LDHs 晶型转变为混合氧化物时的温度不同:$Cu_1Fe_1Al_1$ - LDHs 在 580 ℃左右,$Cu_2Fe_1Al_1$ - LDHs 在 500 ℃左右,$Cu_3Fe_1Al_1$ - LDHs 则在 480 ℃左右,这表明随着 Cu^{2+} 含量的逐步增加,LDHs 的结晶度下降,晶体稳定性降低。

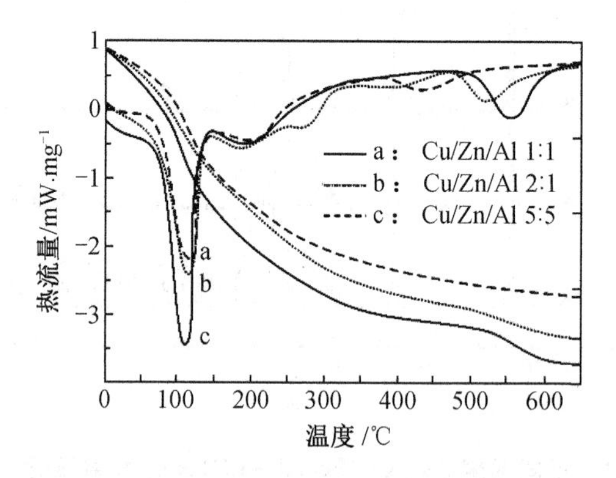

图 4 -4　Cu/Fe/Al - LDHs 的 TG - DSC 曲线图

Cu/Fe/Al - LDHs 的 UV - vis 漫反射吸收光谱如图 4 - 5 所示,所制备的 Cu/Fe/Al - LDHs 水滑石样品均呈现响应紫外光的半导体吸收特性,因此可以参与光催化还原CO_2 + H_2O 制 CH_4的反应。图 4 - 5 中谱线 a、b、c 的切线落在 650 nm 附近的位置,其半导体带隙为 91 eV 左右,比文献中 Cu/Zn/Al - LDHs 的带隙(4.10 ~4.50 eV 左右)明显变窄,因此价带顶的电子更容易跃迁到导带底成为自由电子,同时在价带顶形成空穴,电导率增高。比较图 4 - 5 中谱线 a、b、c 可以发现,随着 Cu^{2+} 摩尔含量的增加,紫外 - 漫反射吸收光谱吸收边红移更明显;且 Cu^{2+} 含量越高,样品的颜色越深,其原因是 Cu 的姜泰勒效应 Cu/Fe/Al - LDHs 的结晶度不高,有部分 CuO 存在,造成吸收边向可见光方向红移。

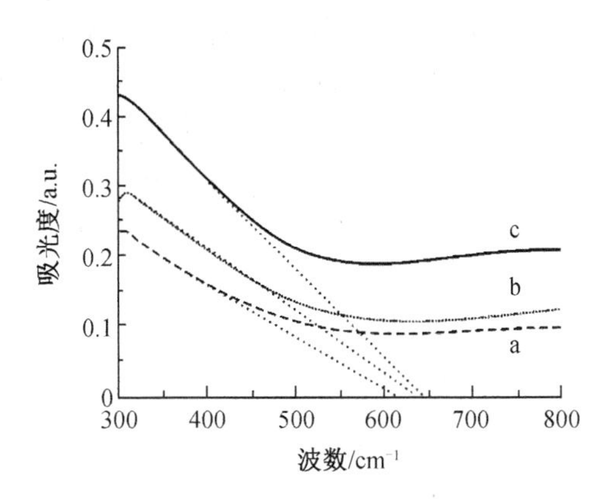

图4-5 Cu/Fe/Al - LDHs 的 UV - vis 漫反射吸收光谱

4.3 实验结果分析

图4-6为不同 Cu^{2+} 比例的 Cu/Fe/Al - LDHs 及其焙烧样品的光催化还原 CO_2+H_2O 的 CH_4产率。图中也给出了在不同温度下焙烧后的光催化反应结果。在暗反应条件下进行了空白试验，检测不到反应产物；而在有光照的条件下，几乎所有的样品均表现出光催化活性，气相色谱测得的主要产物为甲烷、氧气和一氧化碳。甚至在没有 CO_2 或 H_2O 作为反应气存在的条件下依然可以有 CH_4生成，这是由于水滑石层间固有的吸附水和 CO^{2-} 参与了 CO_2 光催化反应。反应中充足的水蒸气有利于甲烷的选择性生成，因为 H_2O 是光催化反应中唯一的氢源。

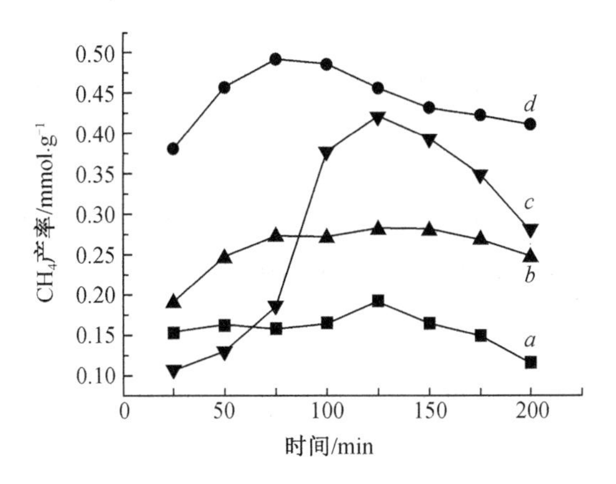

图4-6 Cu/Fe/Al - LDHs 的焙烧温度对 CH_4产率影响

从图 4 -6 中还可以看出，随着时间的增加，甲烷产率先增加后减小，在反应时间为 2 ~2.5 h 时，甲烷产率最高。这说明，一方面，充足的光照可以保证 CO_2 光催化转化反应的进行，有利于 Cu/Fe/Al - LDHs 光催化后激发后产生的光生电子与 H_2O 和 CO 充分的碰撞和结合，产生 · OH 和 · CO 中间态物质，促进甲烷生成；另一方面，反应时间过长，催化剂的失活不利于甲烷生成，关于失活机理还须进一步研究。比较图 4 -6 中的 a、b、c、d 四条线发现，Cu/Fe/Al - LDHs 经不同温度焙烧后，随焙烧温度升高，其光催化活性增加，480 ℃焙烧以后，CH_4最高产率可以达到 0.493 mmol/g。可见，焙烧后的 Cu/Fe/Al - LDHs 逐渐由水滑石晶体向尖晶石晶体结构的 $CuFe_2O_4$和 $CuAl_2O_4$等混合氧化物转变。随着焙烧温度的升高，高活性氧缺位的 $CuFe_2O_4-\delta$ 和具有高效光催化活性的 $CuAl_2O_4$等混合氧化物大量生成，使光催化分解 H_2O 制 H_2 更容易，因此大大提高了 CO_2 光催化还原制 CH_4的产率。

光催化分解 H_2O 可有效地提高光生载流子的分离效率和延长其与空穴分离的时间，是整个 CO_2 催化反应的制约因素。对于选择层状结构的 LDHs 作为催化剂，后续研究的关键是提高其光催化活性，进一步探讨其反应活性中心，分析其高温焙烧产物的组成与 CO_2 相互作用的光催化机理，有目标性地建立反应活性位，或通过采用复合等方式来获得较高转化效率的新型催化材料，相关研究正在进行中。

4.4 小　　结

（1）采用共沉淀法可以制备 Cu/Fe/Al - LDHs 类水滑石材料，且通过表征证明样品为典型的层状结构半导体材料。

（2）Cu/Fe/Al - LDHs 结晶度随着 Cu^{2+} 含量的增加而下降，晶体稳定性降低，Jahn - Teller 效应增强。

（3）实验表明，CO_2 和水蒸气在 Cu/Fe/Al - LDHs 上经光催化还原反应可得到 CH_4等产物；Cu/Fe/Al - LDHs 经焙烧后生成的混合氧化物光催化活性更好，CH_4产率最高。

（4）通过类水滑石材料进行光催化还原二氧化碳实验，与前期的理论相结合，证明通过改变类水滑石中的阴阳离子，可以制备新型的功能材料，且在二氧化碳的研究中将会有新的突破。

第5章　Ti/Li/Al - LDHs的制备和应用

5.1　引　　言

类水滑石材料作为 CO_2 光催化剂或吸附剂的研究已有相关文献报道，但对材料表面吸附和光催化反应协同作用机理研究未见有相关文献和报道。特别是针对材料的结构与性能之间的构效关系的深入探讨，进行材料的结构设计与合成方面的理论研究较为鲜见。我们在第4章的研究中，已经发现铜基类水滑石作为 CO_2 光催化剂有着很大潜力，常温常压下催化剂对 $CO_2(g) + H_2O(g)$ 光催化还原制 CH_4 的产率比文献中的 Zn(Cu)/Al - LDHs 高；但 Cu 离子的姜泰勒效应明显，说明选择合适的水滑石层板阳离子可提高类水滑石的光催化活性。同时发现，金属离子比例和热处理温度对 Cu/Fe/Al - LDHs 的光催化活性有很大的影响。

研究表明，将具有光催化潜质的 Ti^{4+} 引入水滑石层板，可以提高水滑石的光催化性能。对 CO_2 吸附而言，一价 Li^+ 具有很大潜力，Li^+ 作为阳离子进入水滑石层板，与 Al^{3+} 可形成独特的结构 $[LiAl_2(OH)_6]^+ A_{1/y}^{y-} \cdot nH_2O$，增强了层板密度，提高了 CO_2 吸附性能。因此，本章研究工作选用 Ti、Li、Al 作为层板阳离子，采用共沉淀法制备了一种新型的 Ti/Li/Al - LDHs 类水滑石，通过对其层板结构和形貌的调控，提升 Ti/Li/Al - LDHs 类水滑石对 CO_2 的吸附能力和光催化性能。在此基础上，采用具有良好孔结构且低灰低硫的延迟焦（DC）为载体，担载新型类水滑石 Ti/Li/Al - LDHs，通过焙烧改性来获取一种同时具有高效 CO_2 吸附和光催化活性的新型复合材料 Ti/Li/Al - LDOs/xAC，实现 CO_2 的吸附、转化和再生，达到高效、节能等目标。

因此本章基于 CO_2 吸附、转化利用和再生一体化思路，设计合成一类新型类水滑石 Ti/Li/Al - LDHs。通过分子动力学模拟和量子化学计算，研究揭示具有 CO_2 吸附容量大、光催化反应活性高和再生性能好等性能的新型类 Ti/Li/Al - LDHs 的组成结构、晶体结构和表面结构特征。

本章的主要研究内容如下：设计合成一类新型类水滑石 Ti/Li/Al - LDHs，焙烧后得到 Ti/Li/Al - LDOs，通过对 Ti/Li/Al - LDHs（LDOs）样品的 CO_2 吸附、光催化性能考察，采用 XRD、SEM、FT - IR 等一系列先进的表征对材料的结构、形貌、表面官能团等进行分析；在第七章中利用 Material Studio 软件建立了 Ti/Li/Al - LDHs

的晶胞结构模型，通过模拟和计算，进一步揭示具有 CO_2 吸附容量大、光催化反应活性高和再生性能好等新型水滑石 Ti/Li/Al－LDHs 的晶体结构特征和半导体特性，建立 Ti/Li/Al－LDHs 的结构与性能的构效关系。

5.2 Ti/Li/Al－LDHs 的制备

5.2.1 实验原料及仪器

样品制备所用的试剂均为分析纯，没有进行任何纯化处理，水为去离子水。表 5－1、表 5－2 分别给出了样品制备过程中所使用的实验试剂和实验仪器。

表 5－1　实验试剂表

试剂	分子量	纯度	生产厂家
四氯化钛（$TiCl_4$）	189.71	AR	国药集团化学试剂有限公司
氯化锂（LiCl）	42.39	AR	国药集团化学试剂有限公司
六水合氯化铝（$AlCl_3 \cdot 6H_2O$）	241.34	AR	国药集团化学试剂有限公司
氢氧化钾（KOH）	56.11	AR	天津市北辰区方正试剂厂
碳酸钠（Na_2CO_3）	105.99	AR	天津市北辰区方正试剂厂

表 5－2　实验仪器表

设备名称	型号	生产厂家
电子天平	AL204	梅特勒－托利多国际贸易（上海）有限公司
玻璃仪器	—	天津市天波玻璃仪器有限公司
实验室 pH 计	PHSJ－5	上海精密科学仪器有限公司
磁力搅拌器	85－1 型	上海司乐仪器有限公司
数显智能控温磁力搅拌器	SZCL－3A	巩义市予华仪器有限责任公司
循环水真空泵	SHZ－Ⅲ	上海亚荣生化仪器厂
数控超声波清洗器	KQ3200DE	昆山市超声仪器有限公司
干燥烘箱	101－1 型	上海实验仪器总厂
电热鼓风干燥箱	DHG－9070A 型	上海一恒科学仪器有限公司
蠕动泵	BT100－2J	保定兰格恒流泵有限公司

表5－2(续)

设备名称	型号	生产厂家
节能箱形电阻炉	XL－1	天津市通达实验电炉厂
质量流量计	DOF19B	北京七星华创电子股份有限公司
氧气减压器	YQY－342	上海减压器厂有限公司
氮气减压器	YQD－6	上海减压器厂有限公司
氢气减压器	YQQ－352	上海减压器厂有限公司
气相色谱	SHIMADZU GC－8A	岛津分析仪器公司

1. X射线粉末衍射分析(XRD)

样品的晶体结构在日本理学公司的台式X射线衍射MiniFlex600上进行。Cu Kα辐射(λ=0.154 06 nm),管电压30.0 kV,管电流10.0 mA,步长0.02,扫描范围$2\theta=3°\sim80°$。

2. 原子吸收光谱(AAS)

样品的金属元素比例的检测均采用德国耶拿分析仪器股分公司的原子吸收光谱仪AAS Various 6测定。

3. N_2物理吸附

在－196 ℃下,使用Micromeritics ASAP2010型自动物理吸附仪测定样品的N_2吸脱附等温线。分别根据BET(Brunauer－Emmett－Teller)公式计算比表面积,BJH(Barrett－Joyner－Halenda)模型计算孔径及孔径分布,t－plot法计算微孔容及微孔面积。吸附前样品经200 ℃、10^{-3}Torr① 在线脱气预处理。

4. 扫描电镜(SEM)

样品的微观形貌采用日本日立公司冷场发射SU8010扫描电镜进行检测。实验条件:二次电子分辨率优于1 nm;成像模式:二次电子像(SEI)、背散射像(BEI);放大倍率:10 000～70 000倍。

5. 热重分析(TG)

样品的热重分析在瑞士梅特勒－托利多公司生产的热分析仪上测定,测试时连续通入氮气,测试的温度为35～700 ℃,升温速率为10 ℃/min。

6. 傅里叶变换红外光谱(FT－IR)

样品的FT－IR测试在德国布鲁克公司生产的Tensor27型傅里叶变换红外光谱仪上进行。用KBr压片制样,将测试样品及溴化钾真空干燥,混合并研磨压片

① 1 Torr=133.322 Pa。

(样品与溴化钾物质的量比为 1∶150)。光谱仪分辨率为 4 cm^{-1},扫描次数为 32 次,4 000 ~ 400 cm^{-1} 测定,用 DTGS 检测器(氘化硫酸三苷肽)。

7. 紫外 - 可见漫反射光谱(UV - vis)

紫外 - 可见漫反射光谱采用美国 Perkin Elmer Lambda 950 型紫外可见分光光度计测定,将 $BaSO_4$作为参比标准白板,进而得到紫外 - 可见漫反射光谱。

5.2.2 主要实验过程

1. 样品的制备

Ti/Li/Al - LDHs 的制备:取 200 mL $TiCl_4$、LiCl 和 $AlCl_3$的混合盐溶液至三口烧瓶中,使 Ti^{4+}, Li^+, Al^{3+}的物质的量比分别为 1∶3∶1、1∶3∶2、1∶3∶3、1∶3∶4、2∶3∶4、3∶3∶4,边搅拌边滴加 KOH/$NaCO_3$混合溶液(N_{OH}^-:$N_{CO_3}^{2-}$ = 2.25∶1)至 pH 值约为 7 ~ 8;继续搅拌 1 h,之后将上述反应液移至 75 ℃水浴锅中,放置 36 h。抽滤、洗涤至无 Cl^-后,80 ℃真空干燥 24 h,研磨得到水滑石样品,分别记为 $Ti_1Li_3Al_1$ - LDHs、$Ti_1Li_3Al_2$ - LDHs、$Ti_1Li_3Al_3$ - LDHs、$Ti_1Li_3Al_4$ - LDHs、$Ti_2Li_3Al_4$ - LDHs、$Ti_3Li_3Al_4$ - LDHs。

Ti/Li/Al - LDOs 的制备:取一定量的 $Ti_1Li_3Al_2$ - LDHs 或 $Ti_1Li_3Al_4$ - LDHs 放入马弗炉中,设定焙烧温度分别为 180 ℃,300 ℃,500 ℃,600 ℃,焙烧时间均为 0.5 h。焙烧完成后,按焙烧温度分别记为 $Ti_1Li_3Al_2$ - $LDOs_{180}$、$Ti_1Li_3Al_2$ - $LDOs_{300}$、$Ti_1Li_3Al_2$ - $LDOs_{500}$、$Ti_1Li_3Al_2$ - $LDOs_{600}$。(由于水滑石经过焙烧后,层状结构逐渐坍塌,主要以混合氧化物的形式呈现,因此一般以 LDOs——Layered Double Oxides 表示)

2. CO_2 吸附、脱附实验

图 5 - 1 为自制光催化还原 CO_2 的石英固定床反应器及在线检测系统示意图。首先,称取吸附剂试样约 0.5 g,将样品颗粒置于自制的吸附装置中。使用 DZF - 6050 型真空干燥箱,在 150 ℃条件下抽取真空,水滑石样品为 0.5 h 进行脱附再生,并记录质量 m_1。随后将吸附装置放入自制的反应器中,设定吸附温度,对 CO_2 进行吸附,保持温度直到吸附平衡,再次记录此时吸附装置的质量 m_2。吸附床自身质量记为 m_a,吸附剂的质量记为 m_b;吸附剂的 CO_2 吸附率 $\eta = (m_2 - m_1)/m_b \times 100\%$。

将吸附饱和后的 Ti/Li/Al - LDHs 等吸附剂置于自制的吸附床中,250 ℃条件下,于真空干燥箱中干燥 0.5 h 进行脱附,重新放入自制的反应器中,记录反应器中天平显示的质量 m'_1;重复 CO_2 吸附实验,吸附完成后,称量吸附床的质量 m'_2,则该样品的 CO_2 吸附率为:$\eta = (m'_2 - m'_1)/m_b \times 100\%$。

3. 光催化还原 CO_2 制 CH_4 的实验

采用图 5 - 1 中自制光催化还原 CO_2 的固定床反应器及在线检测系统，在连续进样式活性评价系统中测试所有的样品光催化转化 CO_2 - $H_2O(g)$ 的活性。将 1.0 g 催化剂均匀平铺在石英管中间部位，打开水汽发生器，温度上升至设定温度 60 ℃后，打开 CO_2 气瓶及流量控制器，流量为 80 mL/min，连续通入 CO_2 气体 10 min 以排出管道内空气。在紫外光照射下进行 CO_2 光催化还原，还原后的混合气体由上海灵华仪器有限公司制造的 GC9890 型气相色谱仪进行在线定量分析，进样器温度为 120 ℃，柱温设定 50 ℃，检测器温度 100 ℃。

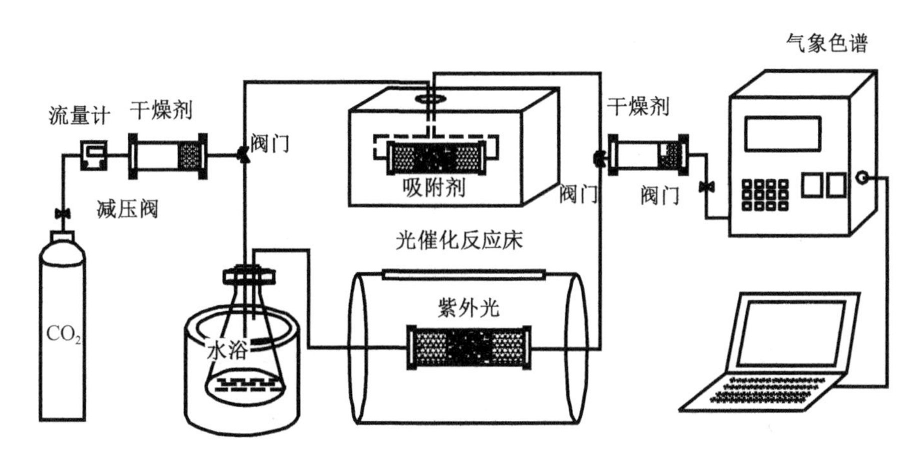

图 5 - 1　自制光催化还原 CO_2 的固定床反应器及在线检测系统示意图

5.2.3　Ti/Li/Al - LDHs 的表征

1. XRD 分析

类水滑石的结构和性能与其制备方法、原料及其配比、体系酸碱度、晶化时间等有关，理想的类水滑石制备方法应满足制备方法简单、结晶度好等特点。图 5 - 2 和图 5 - 3 分别为不同制备条件下（不同晶化时间和不同 pH 值）$Ti_1Li_3Al_4$ - LDHs 的 XRD 谱图。由图 5 - 2 和图 5 - 3 可知，所有样品(003)(006)(112)(115)(118)等晶面衍射峰尖锐而清晰，为典型的 LDHs 层状结构特征衍射峰。图中谱线均没有杂峰出现，说明合成的水滑石样品晶相单一，无其他杂相晶体生成。(006)晶面有特征双峰出现，与文献中报道的 Li/Al - LDHs 的 XRD 谱图类似，说明层间出现一价 Li^+ 电荷。这是因为 Li^+ 半径与 Mg^{2+} 相近，易于替代 Mg^{2+}、Al^{3+} 形成水滑石阳离子层，但其电荷量小，进入层板后由于电荷密度不均匀而使晶胞结构产生变形，在(006)晶面处出现峰的分裂。

图 5－2 中显示了 $Ti_1Li_3Al_4$－LDHs 在不同晶化时间的 X 射线衍射图谱。从中可以看出，随着晶化时间的延长，水滑石的特征衍射峰逐渐尖锐、规整，半峰宽先减小后增大。当晶化时间为 36 h 时，$Ti_1Li_3Al_4$－LDHs 的层间距较大，计算其晶胞参数 d 值更符合 $d_{(003)} = 2d_{(006)} = 3d_{(009)}$ 的特征。

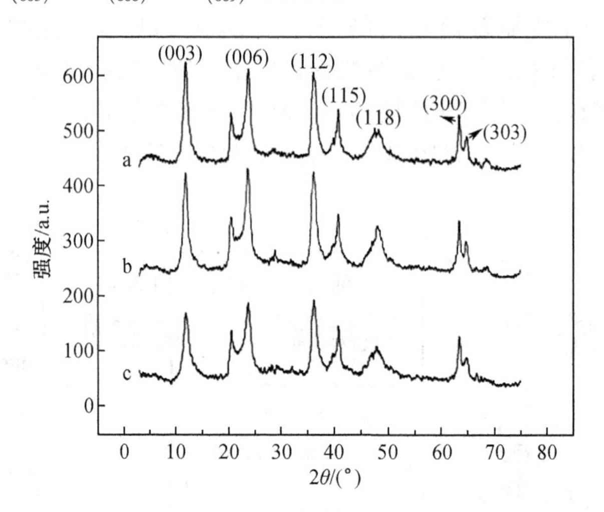

图 5－2　不同晶化时间 $Ti_1Li_3Al_4$－LDHs 的 X 射线衍射谱图

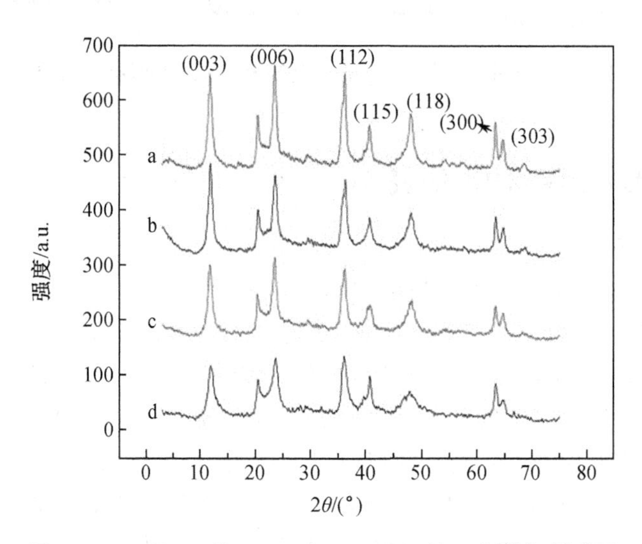

图 5－3　不同 pH 值 $Ti_1Li_3Al_4$－LDHs 的 X 射线衍射谱图

图 5－3 为 $Ti_1Li_3Al_4$－LDHs 的 pH 值分别在 7～8、8～9、9～10、10～11 时的 X 射线衍射图谱。从图中可以看出，不同 pH 值条件下合成的 $Ti_1Li_3Al_4$－LDHs 均显

示出水滑石的特征衍射峰(003)(006)(112)(115)(118)等。比较图5-3中谱线a~d发现,随着pH值的不断增大,水滑石的衍射峰逐渐变宽,峰形不再尖锐,说明Li_3Al_1-LDHs的结晶度逐渐下降。

将晶化时间为36 h、pH值在7~8确定为最佳制备条件,制备不同金属离子物质量比的Ti/Li/Al-LDHs。图5-4为不同Ti^{4+}、Li^+、Al^{3+}金属离子物质的量比的Ti/Li/Al-LDHs的XRD谱图。比较谱线a~d发现,随着Al^{3+}含量的增加,Ti/Li/Al-LDHs的特征衍射峰逐渐加强,结晶度上升。当Ti_x^{4+}、Li^+、Al^{3+}的物质的量比为3:3:2时,谱线a中的$Ti_1Li_3Al_1$-LDHs谱线已经出现基线不平,衍射峰平缓甚至消失的现象。这主要是因为层间Al^{3+}含量的减少,Ti^{4+}的比重上升,而Ti^{4+}取代二价阳离子会产生两个正电荷,大量正电荷的聚集,使层板间产生排斥,八面体发生变形,导致结晶度下降。此外,由图中谱线e和f也可看出,随LDHs中Ti^{4+}含量的增加,样品结晶度下降。由以上分析可知,当Ti^{4+}、Li^+、Al^{3+}物质的量比为1:3:4时,Ti/Li/Al-LDHs的结晶度最好,层板结构最为规整。

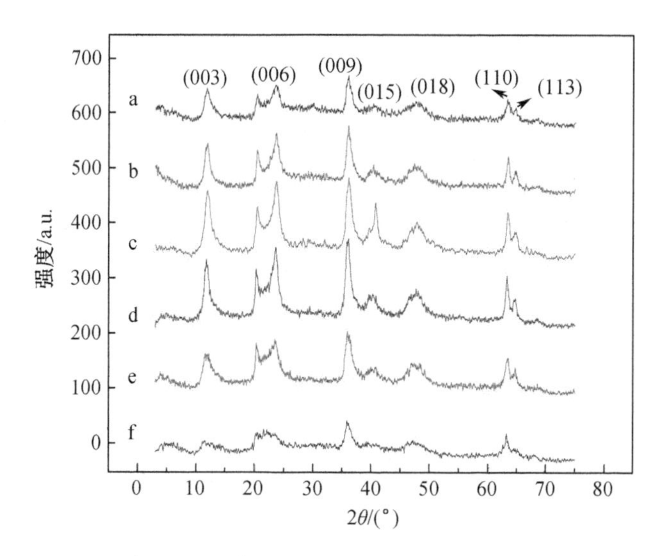

图5-4　不同Ti^{4+}、Li^+、Al^{3+}物质的量比的Ti/Li/Al-LDHs的XRD谱图

表5-3为金属元素的化学元素分析和由XRD数据计算所得不同金属离子物质的量比例样品的晶胞参数和晶粒大小。由表中数据可知,Ti^{4+}已经进入Ti/Li/Al-LDHs类水滑石样品的层板中,且三种金属元素的实际比例与预期制备的配比相近。由表5-3还可知,所有Ti/Li/Al-LDHs样品的层间距集中在0.73~0.76 nm,这与文献报道的含CO_3^{2-}水滑石的层间距约为0.75 nm相符。其中,d_{003}表示水滑石的层间距。表中数据还显示,$Ti_1Li_3Al_1$-LDHs的d_{003}=0.77 nm,层间

距最大，对应的衍射角为 11.50°；$Ti_2Li_3Al_4$ – LDHs 的 d_{003} =0.74 nm，层间距最小，对应的衍射角为 12.08°。d_{110}的大小可反应水滑石层板间阳离子的排列密度和电荷强度。由表 3 –1 可知，所有 Ti/Li/Al – LDHs 样品的 d_{110}值相差不大，其中，$Ti_3Li_3Al_4$ – LDHs 的 d_{110}值最大，为 0.15 nm，说明其电荷密度最大。同时发现，$Ti_1Li_3Al_2$ – LDHs 的 c 轴方向晶粒尺寸为 16.84 nm，明显高于其他 Ti/Li/Al – LDHs。可见，当 Ti^{4+}、Li^{+} Al^{3+} 的物质的量比为 1∶3∶2 时，水滑石的层间阴、阳离子平衡度比例最佳，此时溶液的浓度最适宜水滑石晶粒在 c 轴方向生长，且理论上更有利于 CO_2 的吸附。

表 5 –3　不同 Ti^{4+}、Li^{+}、Al^{3+} 物质的量比的 Ti/Li/Al – LDHs 晶胞参数和晶粒大小

参数/nm	$Ti_1/Li_3/Al_1$ – LDHs	$Ti_1/Li_3/Al_2$ – LDHs	$Ti_1/Li_3/Al_3$ – LDHs	$Ti_1/Li_3/Al_4$ – LDHs	$Ti_2/Li_3/Al_4$ – LDHs	$Ti_3/Li_3/Al_4$ – LDHs
溶液中金属离子物质的量比	1∶3∶1	1∶3∶2	1∶3∶3	1∶3∶4	2∶3∶4	3∶3∶4
固体材料金属离子物质的量比	0.98∶2.12∶1.13	0.99∶2.37∶2.14	0.96∶2.62∶3.10	1.02∶2.72∶3.96	1.98∶2.84∶3.93	2.98∶2.92∶4.01
d_{003}/nm	0.77	0.75	0.75	0.74	0.74	0.75
d_{006}/nm	0.40	0.38	0.38	0.37	0.37	0.38
d_{110}/nm	0.15	0.15	0.15	0.15	0.15	0.15
晶胞参数(a)/nm	0.29	0.29	0.29	0.29	0.29	0.29
晶胞参数(c)/nm	2.31	2.25	2.24	2.18	2.22	2.24
a 轴方向晶粒尺寸/nm	18.49	16.42	17.05	19.52	15.30	15.50
c 轴方向晶粒尺寸/nm	11.68	16.84	10.00	10.21	8.98	9.47

图 5 –5 为 $Ti_1Li_3Al_2$ – LDHs 的干燥样及不同温度下焙烧样的 XRD 谱图。由图可知，当焙烧温度高于 300 ℃时，X 谱线越来越不平整，(006)(009)等水滑石的特征衍射峰逐渐减弱，(003)(110)衍射峰基本消失。同时，代表氧化物和尖晶石的衍射峰(211)(311)(400)(440)等逐渐变强。这说明，随着焙烧温度的升高，水滑石的层板结构遭到破坏，经 700 ℃焙烧后，层板结构基本坍塌，晶型转化为 $Li_4Ti_5O_{12}$，Al_2TiO_5等尖晶石类的高缺氧位混合氧化物，理论上，此时光催化活性最好。

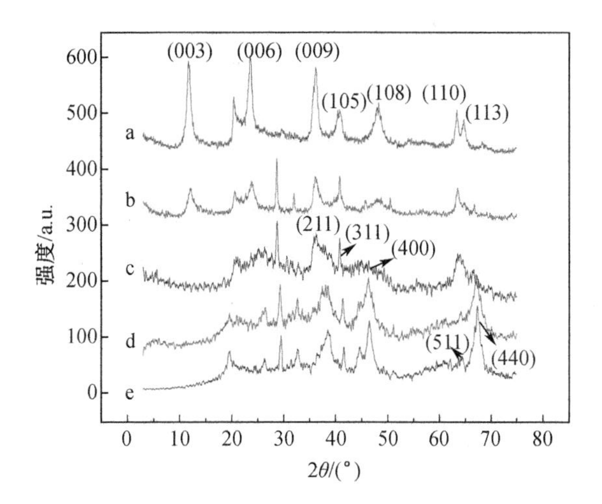

图 5 - 5　$Ti_1Li_3Al_2$ - LDHs 的干燥样及不同温度下焙烧样的 XRD 谱图

通过 XRD 的分析，发现当晶化时间为 36 h、pH 值在 7 ~ 8 时，$Ti_1Li_3Al_4$ - LDHs 的结晶度最好，层板结构最规整，此条件为 Ti/Li/Al - LDHs 的最佳制备条件；同时发现当 Ti^{4+}、Li^{+}、Al^{3+} 的物质的量比为 1∶3∶2，焙烧温度为 300 ℃时，$Ti_1Li_3Al_2$ - $LDHs_{300}$ 理论上更有利于 CO_2 的吸附，而 $Ti_1/Li_3/Al_2$ - $LDHs_{700}$ 的光催化活性最好。

2. TG - DTG 分析

由文献可知，对 LDHs 进行焙烧处理后能提高其 CO_2 的吸附性能和光催化活性。因此，为考察新型类水滑石 Ti/Li/Al - LDHs 经过焙烧后能否提高其 CO_2 吸附性能，了解吸附剂的热分解特性和组成变化规律，确定其焙烧温度，对 Ti/Li/Al - LDHs 进行了热重分析。图 5 - 6 为不同 Ti^{4+}，Li^{+}，Al^{3+} 物质的量比的 Ti/Li/Al - LDHs 的 TG - DTG 分析曲线。由图可知，四条曲线的失重峰位置基本相同，在 180 ℃以内有一个明显失重，主要是水滑石层间水的脱除；180 ~ 300 ℃的失重主要归因于层间 CO_3^{2-} 和层板羟基的聚合脱水，对应于相应温度区间内 DTG 曲线上最大的峰；300 ~ 500 ℃的失重则与杂离子分解和脱除有关；500 ℃之后的失重则是由于晶型的转变而引起。此时，水滑石的层板结构基本坍塌，晶相开始向 $Li_4Ti_5O_{12}$、Al_2TiO_5 等尖晶石混合氧化物转化。根据上述分析，选择样品分别在 180 ℃、300 ℃、600 ℃进行焙烧处理。同时，比较图 5 - 6 中的曲线 a ~ d 可知，$Ti_1Li_3Al_2$ - LDHs 的失重最为严重，特别是在 300 ℃之前，说明 $Ti_1Li_3Al_2$ - LDHs 层板间的羟基和碳酸根阴离子的含量最多，因此在层间水和表面水脱除时对应的吸收峰最大。此外，表 3 - 1 中 $Ti_1Li_3Al_2$ - LDHs 对应的 c 轴方向的晶粒尺寸最大，也可证实其阴离子含量最多。

根据图 5 - 6 中的热重分析结果，对 Ti/Li/Al - LDHs 分别在 180 ℃、300 ℃、

500 ℃、700 ℃进行焙烧处理,进行了 XRD、SEM、FT - IR、N_2吸脱附的分析表征。

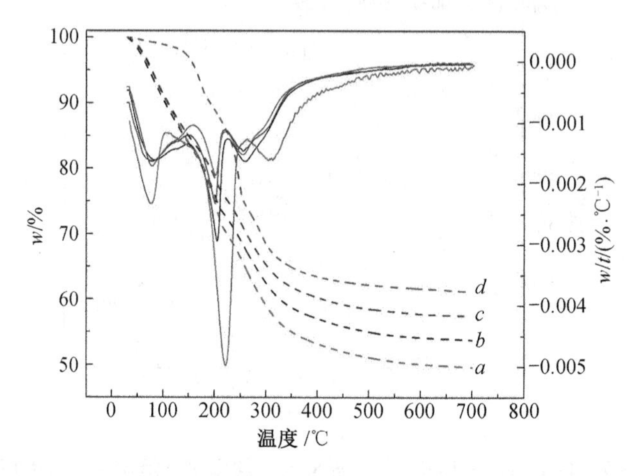

图 5-6　不同 Ti^{4+}、Li^{+}、Al^{3+} 物质的量比的 Ti/Li/Al-LDHs 的 TG-DTG 曲线

3. SEM 分析

通过 SEM 分析发现,不同金属离子比的 Ti/Li/Al - LDHs 微观形貌近似,此处图 5-7(a)和(b)分别为 $Ti_1Li_3Al_2$ - LDHs 干燥样放大 5 000 倍和 50 000 倍的 SEM 照片。从图 5-7(b)中可以看出,类水滑石层片结构明显,呈不规则排列,晶片粒径在200 nm 以下,激光粒度分析结果表明,类水滑石样品的平均粒度为 2.12 μm。图5-7(a)中,$Ti_1Li_3Al_2$ - LDHs 整体团簇类似珊瑚礁状,纯水滑石样品的团聚现象较严重,这是由于纳米粒子体系自由能较大,极易形成团聚体;同时,类水滑石的形貌与制备方法的选择和其金属离子的组成也有直接关系,文中选择的 Ti、Li 离子由于电荷密度差异较大,进入层板间代替二价和三价的 Mg、Al 离子极易引起晶格变形和电荷分布不均,导致团聚现象,这就是 $Ti_1Li_3Al_2$ - LDHs 粒度远比晶体粒径大的原因。

(a) 放大 5 000 倍　　(b) 放大 50 000 倍

图 5-7　$Ti_1Li_3Al_2$ - LDHs 干燥样的 SEM 照片

图5－8中(a)～(e)依次为$Ti_1Li_3Al_2$－LDHs的干燥样及经其180,300,500,700 ℃焙烧后样品的SEM照片。由图(a)和(b)可知,水滑石层片结构明显,且部分水滑石片具有六边形结构。同时,由于纳米粒子体系的自由能较大,极易形成团聚体以降低体系的自由能,特别在高温焙烧后,$Ti_1Li_3Al_2$－LDHs失水后粒子间发生团聚,且随着焙烧温度的增高,晶核逐渐形成,晶粒逐渐增大,团聚现象严重。

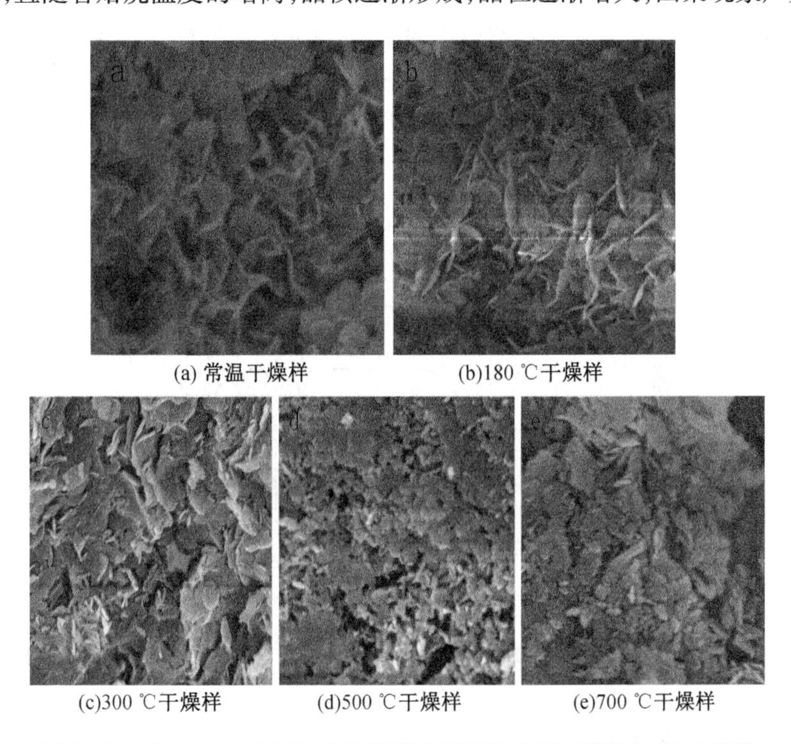

(a) 常温干燥样　(b)180 ℃干燥样

(c)300 ℃干燥样　(d)500 ℃干燥样　(e)700 ℃干燥样

图5－8　$Ti_1Li_3Al_2$－LDHs的干燥样在不同温度下焙烧样的SEM照片

从图5－8(b)中可以看出,焙烧温度升高到300 ℃时,$Ti_1Li_3Al_2$－LDHs的层片结构开始变形(图5－8(c)),联系图5－6的TG－DTG曲线图可知,此时水滑石层间CO_3^{2-}和层板羟基开始聚合脱水,因此层板开始坍塌。在图5－8(d)和(e)中,$Ti_1Li_3Al_2$－LDHs的层片结构基本消失,说明经700 ℃焙烧后,水滑石的结晶形貌已经完全变形,晶型开始向LiO、$Li_4Ti_5O_{12}$、Al_2TiO_5等结晶度不高的混合氧化物转变,与XRD及TG－DTG分析结果一致。

4. FT－IR分析

图5－9为$Ti_1Li_3Al_2$－LDHs的干燥样及不同温度下焙烧样的FT－IR谱图。由图可知,$Ti_1Li_3Al_2$－LDHs的干燥样及焙烧样均在3 430 cm^{-1}处出现一个宽而强的吸收峰,归属于层板间羟基和层间水分子氢键伸缩振动v(O—H)吸收带的叠

加;在 1 630 cm^{-1}处出现 O—H 键的弯曲振动峰。对比图中谱线 a 和 e 可以看出,随着焙烧温度的升高,层板间的羟基峰逐渐减弱,这是由层间羟基的聚合、脱水引起的。1 389 cm^{-1}和 1 038 cm^{-1}处的吸收峰,则分别是 CO_3^{2-} 的碳氧双键和碳氧单键的特征伸缩震动吸收峰,随着焙烧温度的升高,CO_3^{2-} 逐渐被脱除,导致其对应的特征峰也逐渐消失(图中谱线 e)。在 540 cm^{-1}和 744 cm^{-1}附近出现的峰为 Ti—O 键和Li—O 键的吸收峰,随着焙烧温度的升高,这两个吸收峰逐渐融合为一个宽而强的吸收峰,经 700 ℃焙烧后,其强度明显减弱,进一步说明水滑石层板结构基本坍塌,晶型开始转化,形成 $Li_4Ti_5O_{12}$、Al_2TiO_5等尖晶石类的混合氧化物。

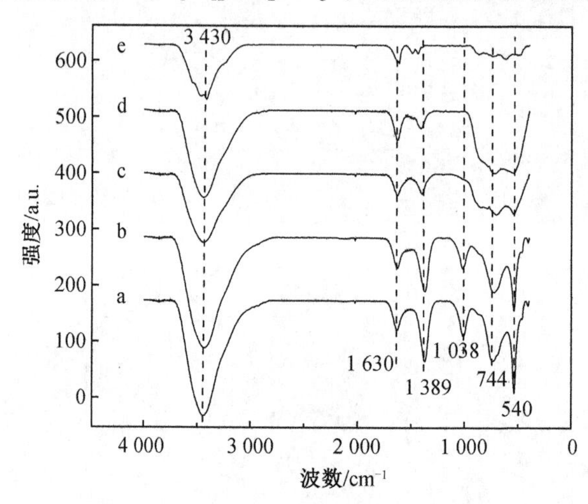

图 5-9 $Ti_1Li_3Al_2$-LDHs 的干燥样及不同温度下焙烧样的 FT-IR 谱图

5. N_2-吸附脱附分析

吸附剂的 CO_2 吸附能力与其比表面积关系较小,而与其孔容,特别是微孔孔容密切相关。因此,此处对不同金属离子物质量的比的 Ti/Li/Al-LDOs 及其不同温度下焙烧样品进行比表面积和孔结构分析。

表 5-4 为不同 Ti^{4+}、Li^{+}、Al^{3+}物质的量比的 Ti/Li/Al-LDOs 经 300 ℃焙烧后的 BET 比表面积和孔结构参数。由表 5-4 可知,随着 Al^{3+}含量的增加,比表面积和孔容先增大后减小;随着 Ti^{4+}含量的增加,比表面积和孔容均减小。当 Ti^{4+}、Li^{+}、Al^{3+}的物质的量之比为 1:3:2 时,Ti/Li/Al-$LDOs_{300}$比表面积为 138.621 m^2/g,孔容为 0.522 cm^3/g,均为最大值。此时,其 CO_2 吸附量理论上应该出现最大值。

表 5-5 为 $Ti_1Li_3Al_2$-LDHs 干燥样及不同温度下焙烧样的比表面积和孔结构参数。由表中数据可知,$Ti_1Li_3Al_2$-LDHs 经过 180 ℃焙烧后,比表面积和孔容均有下降,比表面积从 145.371 m^2/g 变为 118.752 m^2/g,孔容从 0.311 cm^3/g 变为

0.301 cm^3/g,推测此时的 CO_2 吸附量也相应减小。因为焙烧温度高于100 ℃时,水滑石中的碳酸盐消失,层间距减小,导致所能容纳的 CO_2 量也减小。当焙烧温度高于300 ℃时,存在与上述机理相反的情况,层间 CO_3^{2-} 和层板羟基开始聚合脱水。OH^- 的脱除可以使金属离子的外部结构由八面体向等同四面体转变;CO_3^{2-} 的脱除会导致水滑石层状结构部分破坏、分解并形成孔道结构,进而增加其比表面积和孔容,利于 CO_2 的吸附。当焙烧温度高于500 ℃时,层板结构坍塌,形成的复合氧化物开始结块(见图5-8),不利于 CO_2 的吸附。

表5-4 不同比例的Ti/Li/Al-LDHs的比表面积和孔结构参数

样品	比表面积 $(m^2 \cdot g^{-1})$	孔容 $(cm^3 \cdot g^{-1})$		孔径/(nm)
		总孔容	微孔孔容	平均孔径
$Ti_1Li_3Al_1-LDOs_{300}$	131.971	0.503	0.007	3.285
$Ti_1Li_3Al_2-LDOs_{300}$	138.621	0.522	0.008	3.427
$Ti_1Li_3Al_3-LDOs_{300}$	120.983	0.492	0.006	3.390
$Ti_1Li_3Al_4-LDOs_{300}$	121.454	0.391	0.005	3.575
$Ti_2Li_3Al_4-LDOs_{300}$	120.030	0.371	0.004	3.450
$Ti_3Li_3Al_4-LDOs_{300}$	112.581	0.377	0.004	3.569

表5-5 $Ti_1Li_3Al_2$-LDHs干燥样和不同温度下焙烧样的比表面积和孔结构参数

样品	比表面积 $(m^2 \cdot g^{-1})$	孔容 $(cm^3 \cdot g^{-1})$		孔径/(nm)
		总孔容	微孔孔容	平均孔径
$Ti_1Li_3Al_2-LDHs$	145.371	0.311	0.004	3.812
$Ti_1Li_3Al_2-LDOs_{180}$	118.752	0.301	0.006	3.650
$Ti_1Li_3Al_2-LDOs_{300}$	138.621	0.522	0.008	3.427
$Ti_1Li_3Al_2-LDOs_{500}$	150.851	0.482	0.006	3.392
$Ti_1Li_3Al_2-LDOs_{600}$	155.900	0.304	0.006	3.306

由以上分析可知,300 ℃焙烧可使水滑石形成孔道结构,提升其 CO_2 吸附能力;500 ℃焙烧会减小其层间距,降低 CO_2 容量。可见,选择合适的热处理温度非常重要,表5-5数据显示,$Ti_1Li_3Al_2$-LDHs经300 ℃焙烧后的孔容为0.522 $cm^3/$

g,微孔孔容为0.008 cm^3/g,均为最大值,结合上述分析,认为300 ℃是 $Ti_1Li_3Al_2$ - LDHs 的最佳热处理温度。

6. UV 分析

漫反射吸收光谱是检测半导体光催化剂光谱特征的有效手段,图5-10为不同 Ti^{4+}、Li^{+}、Al^{3+}物质的量比的 Ti/Li/Al - LDHs 的 UV - vis 漫反射吸收光谱。由图5-10可以看出,所制备的 Ti/Li/Al - LDHs 水滑石及焙烧后的 Ti/Li/Al - LDOs 样品均呈现响应紫外光的半导体吸收特性,因此可以参与光催化还原 $CO_2 + H_2O$ 制 CH_4的反应。图中5-10中谱线 a~d 的切线分别落在400 nm、396 nm、395 nm、384 nm 附近的位置,半导体的能带由导带和价带共同构成,导带与价带之间的区域称为禁带宽度(E_g),由吸收极限波长 λ_0(nm)与禁带宽度 E_g 的关系式决定:

$$E_g = hc/\lambda_0 = 1\ 240/\lambda_0 \quad (5-1)$$

其中 h——Planck 常数;

c——光速。

计算得到图5-10中 $Ti_1Li_3Al_1$ - LDHs、$Ti_1Li_3Al_2$ - LDHs、$Ti_1Li_3Al_3$ - LDHs、$Ti_1Li_3Al_4$ - LDHs 的半导体带隙分别为3.23 eV、3.10 eV、3.14 eV、3.13 eV 左右,比 Zn(Cu)/Al - LDHs 的带隙(4.10~4.50 eV)明显变窄,也窄于之前所制备的 Cu/Fe/Al - LDHs 的带隙。因此,价带顶的电子更容易跃迁到导带底成为自由电子,同时在价带顶形成空穴,电导率增高。比较图5-6中的谱线 a~d 可以发现,当物质的量比 Ti/Li/Al 为1∶3∶2时,对应的半导体带隙最窄,这说明 $Ti_1Li_3Al_2$ - LDHs 作为半导体材料的导电性最佳,有利于光催化反应的进行。

图5-11为所制备的 $Ti_1Li_3Al_2$ - LDHs 在不同温度焙烧后的 $Ti_1Li_3Al_2$ - LDOs 样品的 UV - vis 漫反射吸收光谱图。从图5-11可以看出,焙烧后的样品均呈现响应紫外光的半导体吸收特性,因此可以参与光催化还原 $CO_2 + H_2O$ 制 CH_4的反应。图5-11中的谱线 a~d 的切线位置分别在404 nm、398nm、414 nm、427 nm。

同时由式(5-1)计算得到 $Ti_1Li_3Al_2$ - LDHs 经过180 ℃、300 ℃、500 ℃、700 ℃ 焙烧后的半导体带隙分别为3.07 eV、3.12 eV、3.00 eV、2.90 eV 左右。对比图5-6和图5-11,发现焙烧后的 $Ti_1Li_3Al_2$ - LDOs 禁带宽度 E_g 的变化为先变宽再变窄,说明随着焙烧温度的逐渐升高,水滑石的层板结构遭到破坏,类水滑石的导电率先减小后增加。当焙烧温度高于500 ℃时,$Ti_1Li_3Al_2$ - LDOs 晶型开始转化,层板结构基本坍塌,此时形成了 $Li_4Ti_5O_{12}$、Al_2TiO_5等尖晶石类的混合氧化物。因此,通过 UV - vis 漫反射吸收光谱的分析,理论上当 Ti/Li/Al 物质的量之比为1∶3∶2时,经过700 ℃焙烧后的 $Ti_1Li_3Al_2$ - $LDOs_{700}$的紫外-漫反射吸收光谱吸收边向可见光区的红移最明显,最有利于光催化反应的进行。

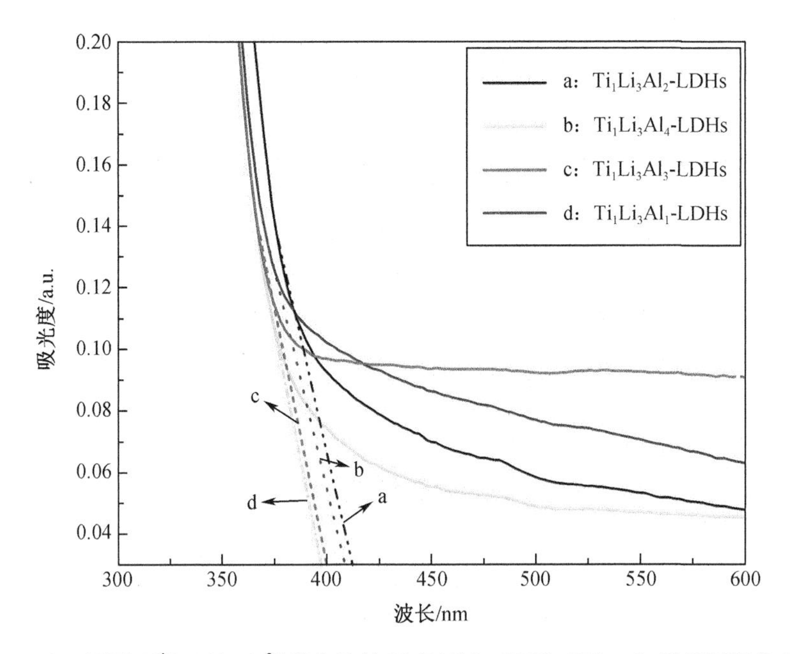

图 5 - 10　不同 Ti^{4+}、Li^{+}、Al^{3+} 摩尔比的 Ti/Li/Al - LDHs UV - vis 漫反射吸收光谱

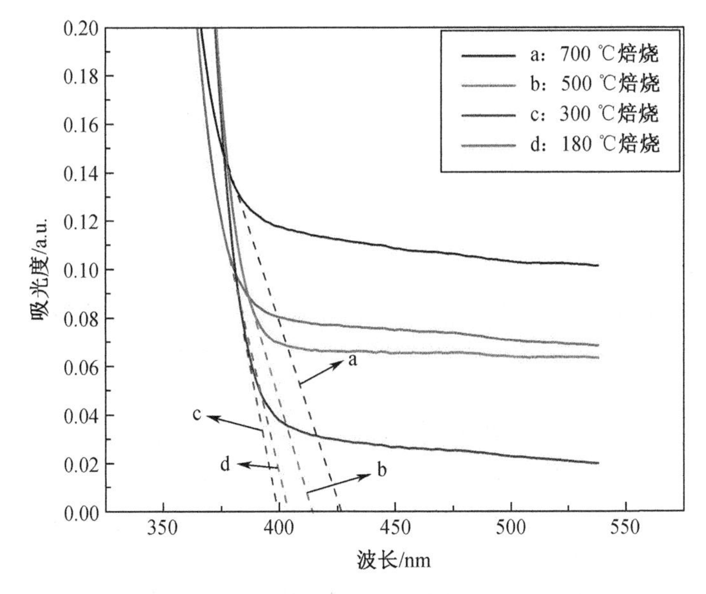

图 5 - 11　$Ti_1Li_3Al_2$ - LDHs 在不同温度下焙烧后的
$Ti_1Li_3Al_2$ - LDOs 样品的 UV - vis 漫反射吸收光谱

5.3 Ti/Li/Al - LDHs 的应用

5.3.1 Ti/Li/Al - LDHs 在 CO_2 吸附上的应用

1. Ti/Li/Al - LDHs(LDOs)结构对吸附性能的影响

图 5 - 12 为不同 Ti^{4+}、Li^{+}、Al^{3+} 物质的量比的 Ti/Li/Al - LDHs 经不同温度焙烧后样品的 CO_2 吸附结果。从图中可以看出,不同 Al^{3+} 含量 Ti/Li/Al - LDHs 的 CO_2 吸附能力遵循以下次序:$Ti_1Li_3Al_2$ - LDHs > $Ti_1Li_3Al_1$ - LDHs > $Ti_1Li_3Al_3$ - LDHs > $Ti_1Li_3Al_4$ - LDHs。不同 Ti^{4+} 含量 Ti/Li/Al - LDHs 的 CO_2 吸附能力遵循以下次序:$Ti_1Li_3Al_4$ - LDHs > $Ti_3Li_3Al_4$ - LDHs > $Ti_2Li_3Al_4$ - LDHs > Li_1Al_2 - LDHs。其中,$Ti_1Li_3Al_2$ - LDHs 的吸附量最高,达到 39.30 mg/g。

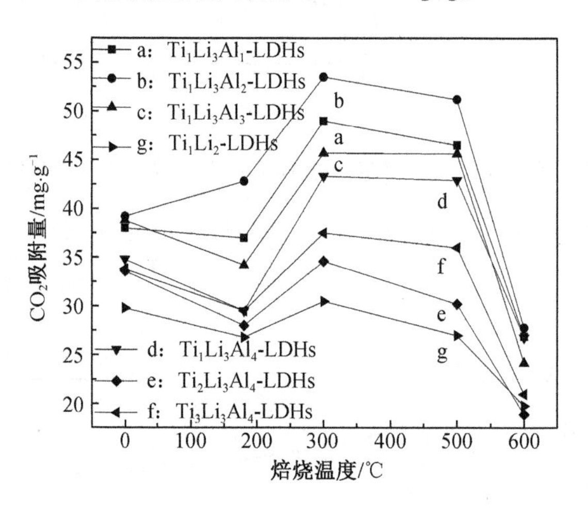

图 5 - 12 不同 Ti^{4+}、Li^{+}、Al^{3+} 物质的量之比的 Ti/Li/Al - LDHs 经不同温度焙烧后样品的 CO_2 吸附结果

5.2 节中 XRD 分析结果表明,$Ti_1Li_3Al_2$ - LDHs 的 c 轴方向晶粒尺寸为 16.84 nm,明显高于其他 Ti/Li/Al - LDHs 样品。TG 分析也证实,$Ti_1Li_3Al_2$ - LDHs 的失重最为严重,特别是在 300 ℃之前,说明 $Ti_1Li_3Al_2$ - LDHs 层板间的羟基和碳酸根阴离子的含量最多,在层间水和表面水脱除时对应的吸收峰最大(后期通过 Ti/Li/Al - LDHs 结构模型,进一步证实其层间大量氢键的存在)。理论上,晶粒在 c 轴方向尺寸的增加说明层间阴离子含量较高,有利于 CO_2 吸附量的提高。通过对不同金属离子比的 Ti/Li/Al - $LDOs_{300}$ 比表面积和孔结构分析发现,当物质的量之比 Ti: Li: Al = 1:3:2 时,$Ti_1Li_3Al_2$ - $LDOs_{300}$ 比表面积为 138.621 m^2/g,孔容为

0.522 cm^3/g,均为最大值,其 CO_2 吸附量最大。可见,Ti/Li/Al - LDHs 的 CO_2 吸附性能与其结构密切相关。

由图 5 - 12 还观察到,除 $Ti_1Li_3Al_2$ - LDHs 外,其余样品的 CO_2 吸附量随着焙烧温度的升高,先减小再增大,之后再减小。焙烧温度为 600 ℃时,CO_2 吸附量最小;焙烧温度为 300 ℃时,CO_2 吸附量最大,且 $Ti_1Li_3Al_2$ - $LDOs_{300}$的 CO_2 吸附量最高,可以达到53.5 mg/g。联系 TG - DTG 与 N_2吸附脱附的分析发现,当热处理温度为 300 ℃时,$Ti_1Li_3Al_2$ - LDOs 中 OH^-的脱除可以使金属离子的外部结构由八面体向等同四面体转变;CO_3^{2-} 的脱除会导致水滑石层状结构部分破坏、分解并形成孔道结构,进而增加其比表面积和孔容,利于 CO_2 的吸附;表 5 - 5 中数据显示,此时 $Ti_1Li_3Al_2$ - $LDOs_{300}$ 的总孔容为 0.522 cm^3/g,微孔孔容为 0.008 cm^3/g,均为 Ti/Li/Al - LDHs中的最大值。

由此可见,Ti/Li/Al - LDHs(LDOs)的结构决定了其 CO_2 吸附量的大小,LDHs结构中晶胞参数、层间阴离子和氢键的含量,比表面大小及其孔结构参数共同决定了其 CO_2 吸附性能。

2. Ti/Li/Al - LDHs(LDOs)再生性能

在实际的应用中,吸附剂不但要有较高的吸附性能,同时应该具有较好的重复利用性能。根据图 5 - 12 中的 CO_2 吸附结果,选择具有最佳 CO_2 吸附性能比例的 $Ti_1Li_3Al_2$ - LDHs 干燥样及将其 300 ℃焙烧后的 $Ti_1Li_3Al_2$ - $LDOs_{300}$进行材料再生性能的考察。

图 5 - 13 和图 5 - 14 分别为 $Ti_1Li_3Al_2$ - LDHs 干燥样及 300 ℃焙烧样 $Ti_1Li_3Al_2$ - $LDOs_{300}$在经过 10 次循环后的 CO_2 的吸附效果(吸附条件:室温;进气流量为 80 mL/min)。由图 5 - 13 和图 5 - 14 可知,随着循环次数的增加,两种吸附剂的 CO_2 吸附量均有所下降。$Ti_1Li_3Al_2$ - LDHs 干燥样经 10 次循环后,CO_2 的吸附量从 39.8 mg/g 降至 37.0 mg/g,下降了约 7.0%。300 ℃焙烧后的 $Ti_1Li_3Al_2$ - $LDOs_{300}$,经 10 次循环后其 CO_2 的吸附量从 53.5 mg/g 降至 52.2 mg/g,降幅约为2.4%。由此可见,$Ti_1Li_3Al_2$ - $LDOs_{300}$循环稳定性更好,10 次循环后的 CO_2 吸附量依然可以维持在 97.6% 左右,符合环保节能的概念,具有工业应用的潜力。

5.3.2 Ti/Li/(Al) - LDHs 在 CO_2 光催化中的应用

CO_2 光催化还原制碳氢燃料技术被认为是最有效的 CO_2 转化方法之一,Stephan 等利用 FLPs(受阻的路易斯酸碱复合物体系)用于小分子的固定与活化,发现该体系也可用于还原 CO_2 制备甲烷和甲醇方面。在此基础上,Ashley 等研究发现,在还原剂 H_2 存在下,由 $B(C_6F_5)_3$和四甲基哌啶 TMP 形成的 FLPs 与 CO_2 反应可制得甲醇,且得到多种反应中间体,但产率只有 24%。此后,PIERS 等在还原剂三乙基硅烷存在条件下,采用同样的 FLPs 组成体系,与 CO_2 反应制备了甲烷。CO_2 可以通过还原法制备甲烷、甲醇等化工原料,但一般需要金属催化剂体系、高温等较苛刻的反应条件,且产率较低。近年来,研究者们以 TiO_2 为基础,对光催化还原 $CO_2 + H_2O$ 做了一些深入的探索,取得了一些成绩,但由于其反应过程复杂,反应的转化率和光催化产物的选择性依然偏低。因此寻找合适的光催化剂、选择高效节能的光催化剂是 CO_2 光催化技术发展的关键。提高光催化反应的转化率和光催化产物的选择性,是目前 CO_2 光催化还原技术的难点和重点。

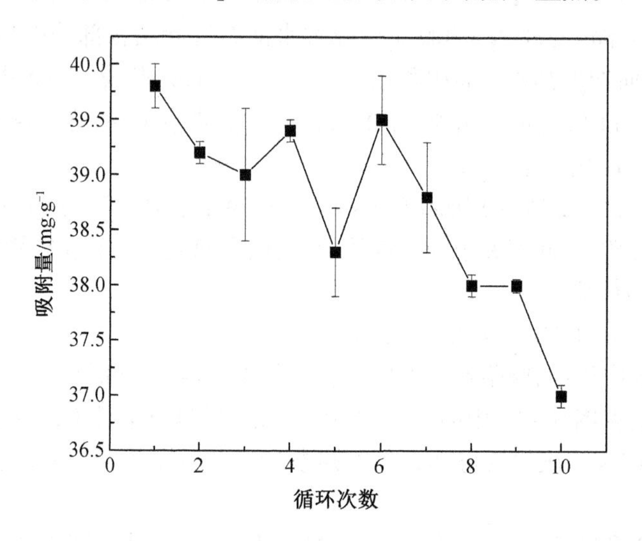

图 5-13 $Ti_1Li_3Al_2$-LDHs 干燥样经 10 次循环后的 CO_2 的吸附结果

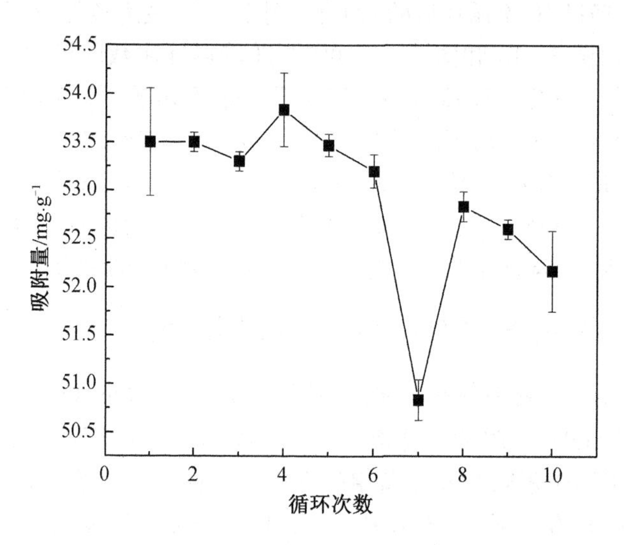

图 5-14 $Ti_1Li_3Al_2$-$LDOs_{300}$ 经 10 次循环后的 CO_2 的吸附结果

1. Ti/Li/Al-LDHs(LDOs)结构对光催化性能的影响

图5-15为不同Ti、Li、Al物质的量比的Ti/Li/Al-LDHs光催化还原CO_2和水蒸气的试验结果(CH_4的产率)。结果表明,所有样品均表现出较好的光催化活性,光催化还原均可生成CH_4,同时伴随有O_2和CO的产生。随着时间的增加,甲烷产率先增加后稳定,甚至略有减小,在反应时间为2小时前后,所有样品呈现甲烷最高产率。这说明,一方面,充足的光照条件保证CO_2光催化转化反应的进行,有利于Ti/Li/Al-LDHs光催化后激发后产生的光生电子与H_2O和CO_2充分的碰撞和结合,产生·OH和·CO_3^{2-}两种中间态物质,促进甲烷生成;另一方面,反应时间过长,催化剂失活,不利于甲烷生成。

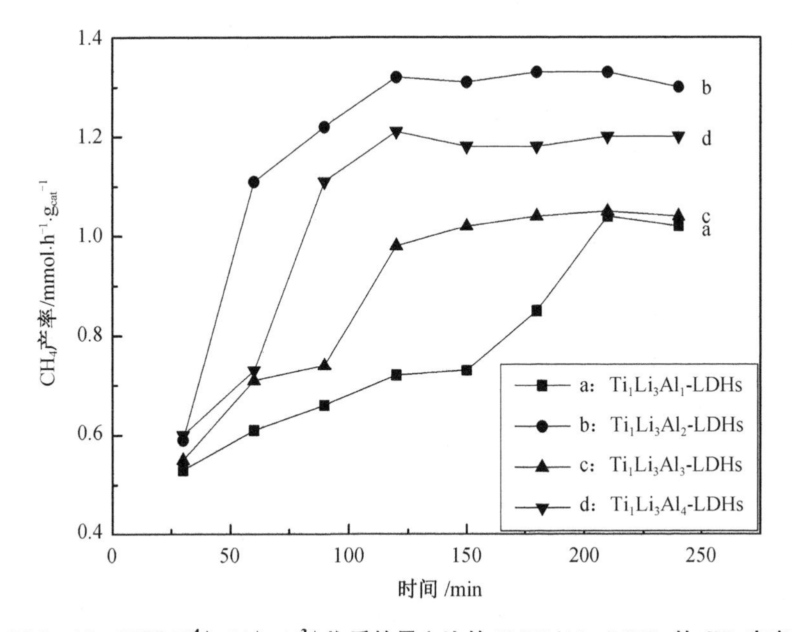

图5-15 不同Ti^{4+}、Li^{+}、Al^{3+}物质的量之比的Ti/Li/Al-LDHs的CH_4产率

使用不同比例的Ti/Li/Al-LDHs进行空白试验发现,在有紫外光照射的情况下,即使没有CO_2或H_2O作为反应气存在的条件下依然可以检测到有CH_4生成;而没有光照的暗反应条件下,几乎检测不到光催化产物。这是由于水滑石层间固有的吸附水和CO_3^{2-}参与了CO_2光催化反应,可见LDHs中层间阴离子和羟基的含量影响其光催化性能。从图5-15中可以看出,当Ti/Li/Al物质的量之比为1/3/2时,曲线5-15中谱线b的$Ti_1Li_3Al_2$-LDHs的CH_4产率最高,可以达到1.33 mmol/g。结合之前的TG-DTG曲线,可以证实不同比例的Ti/Li/Al-LDHs的类水滑石中含有大量的H_2O和CO_3^{2-},且$Ti_1Li_3Al_2$-LDHs中的H_2O和CO_3^{2-}含量最高。

图 5 - 16 为不同温度焙烧后的 $Ti_1Li_3Al_2$ - LDOs 样品光催化还原 CO_2 和水蒸气的试验结果(CH_4 的产率)。比较图 5 - 16 中谱线 a ~ d 发现,经不同温度焙烧后的 $Ti_1Li_3Al_2$ - LDOs,其 CH_4产率的变化为先减小后增加,说明随着焙烧温度的逐渐升高,其光催化活性先降低再增强,700 ℃焙烧以后,CH_4 最高产率可以达到 1.59 mmol/g。结合图 XRD、红外及紫外分析发现,焙烧后的 $Ti_1Li_3Al_2$ - LDOs 逐渐由水滑石晶体向尖晶石晶体结构的 $Li_4Ti_5O_{12}$、Al_2TiO_5 等混合氧化物转变。当焙烧温度超过 500 ℃时,高活性氧缺位的混合氧化物大量生成,使光催化分解 H_2O 制 H_2 更容易,因此大大提高了 CO_2 光催化还原制 CH_4的产率。

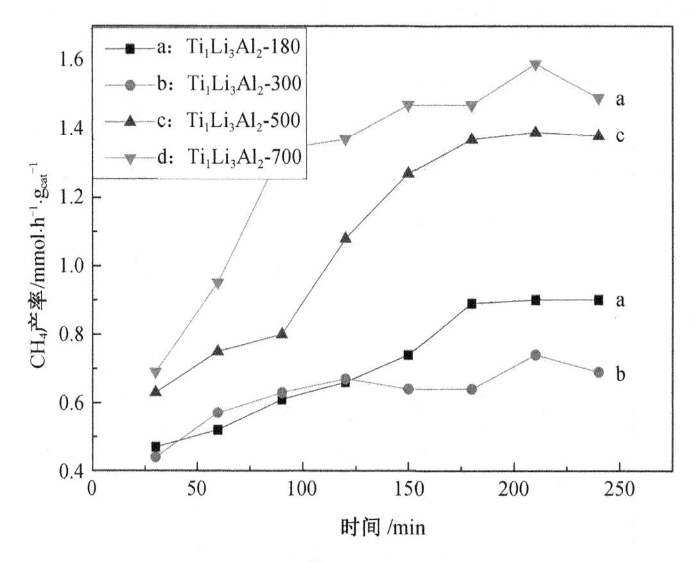

图 5 - 16　不同温度下焙烧后的 $Ti_1Li_3Al_2$ - LDOs 的 CH_4产率

由此可见,CO_2 光催化制备 CH_4的反应,通过光催化分解 H_2O 获得 · H,以及有效地提高光生载流子的分离效率和延长其与空穴分离的时间,是整个 CO_2 催化反应的制约因素。对于选择层状结构的 LDHs 作为催化剂,后续研究的关键是提高其光催化活性,进一步探讨其反应活性中心,分析其高温焙烧产物的组成、与 CO_2 相互作用的光催化机理,有目标性地建立反应活性位,或通过复合等方式来获得较高转化效率的新型催化材料,相关研究正在进行中。

2. Ti/Li/Al - LDHs(LDOs)再生性能

作为一种优良的光催化剂,实际要求不仅要有高效的光催化活性,同时应该具有较好的重复利用性能。因此,根据图 5 - 15 和图 5 - 16 中 Ti/Li/Al - LDHs 及不同温度焙烧后的 $Ti_1Li_3Al_2$ - LDOs 样品光催化还原 CO_2 和水蒸气的试验结果,分别选择焙烧前后具有最高 CH_4产率的 $Ti_1Li_3Al_2$ - LDHs 干燥样及 700 ℃焙烧样 Ti_1Li_3

Al_2－$LDOs_{700}$进行材料再生性能的考察。

图5－17和图5－18分别为两种催化剂在经过10次循环后的CH_4产率。由两图可知，随着循环次数的增加，两种吸附剂的光催化活性均有所下降。其中，经10次循环后$Ti_1Li_3Al_2$－$LDOs_{700}$的稳定性比焙烧前的$Ti_1Li_3Al_2$－LDHs好，CH_4产率从1.59 mmol/g下降到了1.40 mmol/g，降幅约为12%。

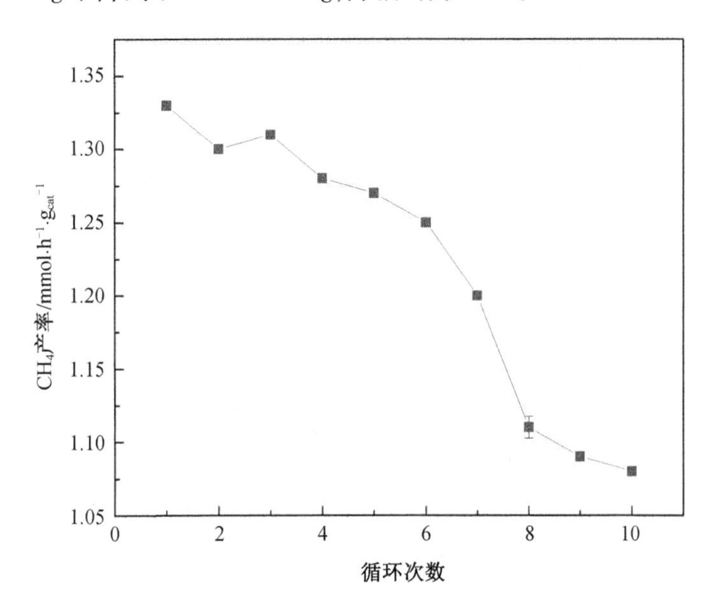

图5－17　$Ti_1Li_3Al_2$－LDHs干燥样经10次循环后的CH_4产率

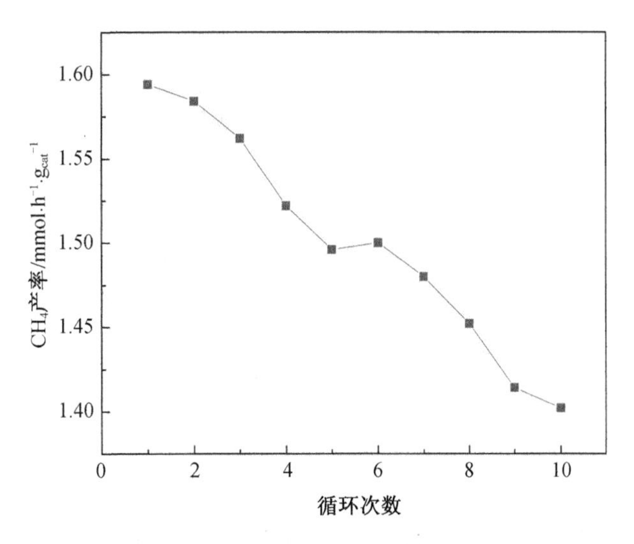

图5－18　$Ti_1Li_3Al_2$－$LDHs_{700}$经10次循环后的CH_4产率

5.4 小　　结

(1)采用共沉淀法制备了新型类水滑石 Ti/Li/Al－LDHs,采用 AAS、XRD、SEM、TG－DTG、FT－IR、UV－vis 等方法对其结构和性能进行表征,探讨了金属元素比例、pH 值、水浴温度、焙烧温度等反应条件变化对 Ti/Li/Al－LDHs 的结构、形貌的影响。结果表明,当 pH 值为 7～8 时,晶化时间为 36 h,$Ti_1Li_3Al_4$－LDHs 结晶程度最高,微观形貌最佳,结构最稳定。$Ti_1Li_3Al_2$－LDHs 层间阴、阳离子平衡度比例最佳,层板间阴离子和羟基含量最高,且此时的比表面积和孔容均为最大值;UV 分析表明,$Ti_1Li_3Al_2$－LDHs 半导体带隙在 3.10 eV 左右,对比其他比例的 Ti/Li/Al－LDHs 带隙能最低。

(2)对 $Ti_1Li_3Al_2$－LDHs 进行热处理发现:当焙烧温度为 300 ℃时,$Ti_1Li_3Al_2$－$LDOs_{300}$层间 OH^- 的脱除可以使金属离子的外部结构由八面体向等同四面体转变;CO_3^{2-} 的脱除会导致水滑石层状结构部分破坏、分解并形成孔道结构。当焙烧温度为 700 ℃时,$Ti_1Li_3Al_2$－$LDOs_{700}$禁带宽度进一步变窄,为 2.90 eV 左右,其原因主要是水滑石晶体向尖晶石晶体结构转变,形成了 $Li_4Ti_5O_{12}$、Al_2TiO_5等高活性氧缺位的混合氧化物。

(3)通过对不同 Ti、Li、Al 物质的量之比的 Ti/Li/Al－LDHs 的 CO_2 吸附性能考察,发现 $Ti_1Li_3Al_2$－LDHs 的 CO_2 吸附量最大,为 39.3 mg/g,原因是 $Ti_1Li_3Al_2$－LDHs 晶粒在 c 轴方向尺寸最大,层间阴离子含量较高;同时其比表面积和孔容均为最大值。对热处理后的 $Ti_1Li_3Al_2$－LDOs 的 CO_2 吸附性能进行考察。结果表明,焙烧温度为 300 ℃时,$Ti_1Li_3Al_2$－$LDOs_{300}$的 CO_2 吸附量最高,可以达到 53.5 mg/g。结合 TG－DTG 与 N_2吸附脱附的表征分析发现,此时 $Ti_1Li_3Al_2$－$LDOs_{300}$中 OH^- 的脱除可以使金属离子的外部结构由八面体向等同四面体转变;CO_3^{2-} 的脱除会导致水滑石层状结构部分破坏、分解并形成孔道结构,进而增加其比表面积和孔容,对比其他温度焙烧后的孔容,$Ti_1Li_3Al_2$－$LDOs_{300}$的总孔为 0.522 cm^3/g,微孔孔容为 0.008 cm^3/g,均为 Ti/Li/Al－LDOs 中的最大值。

(4)在固定床反应器上,研究了金属离子比例变化对 Ti/Li/Al－LDHs 的光催化还原 CO_2 制 CH_4的反应活性的影响。发现 $Ti_1Li_3Al_2$－LDHs 作为光催化剂时,在紫外灯照射下,CH_4 产率对比其他比例的 Ti/Li/Al－LDHs 较高,可以达到 1.33 mmol/g,$Ti_1Li_3Al_2$－LDHs 的半导体带隙为 3.10 eV 左右。$Ti_1Li_3Al_2$－LDHs 在不同温度焙烧后,$Ti_1Li_3Al_2$－$LDOs_{700}$的 CH_4产率最高,可以达到 1.59 mmol/g。

通过 UV 分析发现，$Ti_1Li_3Al_2$ - LDHs 的半导体带隙对比其他比例的 Ti/Li/Al - LDHs 更窄，为 3.10 eV 左右；焙烧后 $Ti_1Li_3Al_2$ - $LDOs_{700}$的半导体带隙进一步减小到 2.90 eV 左右，原因是焙烧后的 $Ti_1Li_3Al_2$ - $LDOs_{700}$逐渐由水滑石晶体向尖晶石晶体结构转变，形成高活性氧缺位的 $Li_4Ti_5O_{12}$、Al_2TiO_5等混合氧化物，提高了 CO_2光催化还原制 CH_4的产率。

第6章　钛锂铝类水滑石/碳复合材料的制备和应用

6.1　引　　言

相对于其他固体吸附剂而言,类水滑石材料具有鲜明优点,但同时,也存在比表面积较小、微孔少等缺点。多孔碳材料在这方面正好弥补了水滑石的缺点,容积填充理论认为,吸附剂的孔径为吸附质分子大小1.7~3.0倍时,吸附性能最佳。有研究者把Mg/Al基类水滑石(LDHs)负载至碳纤维上(CNF)上,通过两种材料的复合来提高CO_2吸附量。结果发现,当HTs的负载量在10%~25%时,大大提高了CO_2的吸附量,这主要归因于CNF有丰富的孔结构,以及表面与HTs中$Mg(Al)O_x$晶相之间的协同效应。碳纤维、碳纳米管等碳基材料由于其特殊的孔结构、表面化学性质、高的循环稳定性等优点,近年来作为吸附剂载体的报道颇多,但由于其成本较高,难以推广。

因此,我们将在上述研究工作的基础上,采用共沉淀法将类水滑石Ti/Li/Al-LDHs与延迟焦(DC)复合,经过热处理改性调控活性炭表面官能团和孔结构,制备一种新型复合材料Ti/Li/Al-LDOs/AC,以进一步改善Ti/Li/Al/-LDHs的应用性能。

本章在Ti/Li/Al-LDHs的研究基础上,通过对延迟焦(DC)孔结构和表面化学结构的调控改性处理,用共沉淀方法制备具有独特孔结构和表面化学结构的双功能碳基复合材料Ti/Li/Al-LDHs/DC,焙烧后得到Ti/Li/Al-LDOs/AC。通过材料制备关键影响因素的研究,阐明复合材料的组成、结构和形貌;揭示Ti/Li/Al-LDOs/AC体系中AC孔结构和表面官能团等变化对复合材料CO_2吸附和光催化特性影响规律,建立复合材料结构与性能关系及其调控方法;并在下一章中采用量子力学的模拟方法和密度泛函计算方法,探明复合材料CO_2吸附与光催化水蒸气还原反应过程的协同强化机理及吸附与光催化反应动力学;探讨复合材料光热稳定性及再生机理,为促进复合材料在CO_2吸附和利用技术中的推广应用提供理论基础。

6.2　钛锂铝类水滑石/碳复合材料的制备

6.2.1　实验原料及仪器

样品制备所用的试剂均为分析纯，没有进行任何纯化处理，水为去离子水。表 6－1、表 6－2 分别给出了样品制备过程中所使用的实验试剂和实验仪器。

表 6－1　实验试剂

试剂	分子量	纯度	生产厂家
四氯化钛（$TiCl_4$）	189.71	AR	国药集团化学试剂有限公司
氯化锂（LiCl）	42.39	AR	国药集团化学试剂有限公司
六水合氯化铝（$AlCl_3\cdot 6H_2O$）	241.34	AR	国药集团化学试剂有限公司
氢氧化钾（KOH）	56.11	AR	天津市北辰区方正试剂厂
碳酸钠（Na_2CO_3）	105.99	AR	天津市北辰区方正试剂厂

表 6－2　实验仪器

设备名称	型号	生产厂家
电子天平	AL204	梅特勒－托利多国际贸易（上海）有限公司
玻璃仪器	—	天津市天波玻璃仪器有限公司
实验室 pH 计	PHSJ－5	上海精密科学仪器有限公司
磁力搅拌器	85－1 型	上海司乐仪器有限公司
数显智能控温磁力搅拌器	SZCL－3A	巩义市予华仪器有限责任公司
循环水真空泵	SHZ－Ⅲ	上海亚荣生化仪器厂
数控超声波清洗器	KQ3200DE	昆山市超声仪器有限公司
干燥烘箱	101－1 型	上海实验仪器总厂
电热鼓风干燥箱	DHG－9070A 型	上海一恒科学仪器有限公司
蠕动泵	BT100－2J	保定兰格恒流泵有限公司
节能箱形电阻炉	XL－1	天津市通达实验电炉厂
质量流量计	DOF19B	北京七星华创电子股份有限公司
氧气减压器	YQY－342	上海减压器厂有限公司

表 6-2(续)

设备名称	型号	生产厂家
氮气减压器	YQD-6	上海减压器厂有限公司
氢气减压器	YQQ-352	上海减压器厂有限公司
气相色谱	SHIMADZU GC-8A	岛津分析仪器公司

1. X-射线粉末衍射分析(XRD)

样品的晶体结构在日本理学公司的台式 X 射线衍射 MiniFlex 600 上进行。Cu Kα辐射(λ=0.154 06 nm),管电压 30.0 kV,管电流 10.0 mA,步长 0.02,扫描范围 $2\theta=3°\sim80°$。

2. 原子吸收光谱(AAS)

样品的金属元素比例的检测均采用德国耶拿公司的原子吸收光谱仪 AAS Various 6 测定。

3. N_2物理吸附

在-196 ℃下,使用 Micromeritics ASAP2010 型自动物理吸附仪测定样品的 N_2 吸脱附等温线。分别根据 BET(Brunauer-Emmett-Teller)公式计算比表面积,BJH(Barrett-Joyner-Halenda)模型计算孔径及孔径分布,t-plot 法计算微孔容及微孔面积。吸附前样品经 200 ℃、10^{-3}Torr 下在线脱气预处理。

4. 扫描电镜(SEM)

样品的微观形貌采用日本日立冷场发射 SU8010 扫描电镜进行检测。实验条件:二次电子分辨率优于 1 nm;成像模式:二次电子像(SEI)、背散射像(BEI);放大倍率:10 000~70 000 倍。

5. 热重分析(TG)

样品的热重分析在瑞士梅特勒-托利多公司生产的热分析仪上测定,测试时连续通入氮气,测试的温度为 35~700 ℃,升温速率为 10 ℃/min。

6. 傅里叶变换红外光谱(FT-IR)

样品的 FT-IR 测试在德国布鲁克公司生产的 Tensor27 型傅里叶变换红外光谱仪上进行。用 KBr 压片制样,将测试样品及溴化钾真空干燥,混合并研磨压片(样品和溴化钾的质量比为 1:150)。光谱仪分辨率为 4 cm^{-1},扫描次数为 32 次,4 000~400 cm^{-1}测定,DTGS 检测器(氘化硫酸三苷肽)。

7. 紫外-可见漫反射光谱(UV-vis)

紫外-可见漫反射光谱采用美国 Perkin Elmer Lambda 950 型紫外可见分光光度计测定,将 $BaSO_4$作为参比标准白板,进而得到紫外-可见漫反射光谱。

6.2.2　主要实验过程

1. 样品的制备

延迟焦(DC)的预处理:样品(DC)采自陕西神木天元有限公司,是低温煤焦油延迟焦化生产过程中的延迟半焦。DC 经粉碎、筛分制成 20 ~ 40 目样品,进行脱灰处理。首先,于 80 ℃恒温水浴中用 KOH(DC 和 KOH 的质量比为 1∶1)浸泡 2 ~ 3 h,自然冷却后,用蒸馏水洗涤至中性。之后,于 100 ℃条件下干燥 12 h,600 ℃氮气氛围下焙烧 1 h,氮气保护下降至室温,得到的样品记为 AC_{600}。

复合材料 $Ti_1Li_3Al_4$ - LDHs/xDC 及 $Ti_1Li_3Al_2$ - LDHs/xDC 制备:取质量为 x(x = 1,2,3,4,且设定 DC 和 LiCl 的质量比为 x)的 DC 至三口烧瓶中,加入 200 ml 的 $TiCl_4$、LiCl 和 $AlCl_3$的混合盐溶液中,调节 Ti^{4+}、Li^{+}、Al^{3+}的物质的量比为1∶3∶4,边搅拌边滴加 KOH/$NaCO_3$混合溶液,至 pH 为 9 ~ 10;持续搅拌 24 h 后,75 ℃晶化时间为 48 h。抽滤洗涤至无 Cl^-后,真空干燥 36 h,研磨得到复合材料 $Ti_1Li_3Al_4$ - LDHs/xDC(x = 1,2,3,4)的样品,分别用 $Ti_1Li_3Al_4$ - LDHs/2DC、$Ti_1Li_3Al_4$ - LDHs/3DC 以及 $Ti_1Li_3Al_4$ - LDHs/4DC 表示。同样的制备方法,调节 Ti^{4+}、Li^{+}、Al^{3+}的摩尔比为 1∶3∶2 时,可制备复合材料 $Ti_1Li_3Al_2$ - LDHs/DC、$Ti_1Li_3Al_2$ - LDHs/2DC、$Ti_1Li_3Al_2$ - LDHs/3DC 以及 $Ti_1Li_3Al_2$ - LDHs/4DC。

Ti/Li/Al - LDOs 及复合材料 $Ti_1Li_3Al_4$ - LDOs/xAC 和 $Ti_1Li_3Al_2$ - LDOs/xAC 的制备:取一定量的 $Ti_1Li_3Al_4$ - LDHs 或 $Ti_1Li_3Al_4$ - LDHs/xDC 或 $Ti_1Li_3Al_2$ - LDHs/xDC 放入马弗炉中,设定焙烧温度分别为 180 ℃、300 ℃、500 ℃、600 ℃、700 ℃,对应的程序升温时间分别为 1 h、1.5 h、2.5 h、3 h,焙烧时间均为0.5 h。焙烧完成后,类水滑石按焙烧温度分别记为 $Ti_1Li_3Al_4$ - $LDOs_{180}$、$Ti_1Li_3Al_4$ - $LDOs_{300}$、$Ti_1Li_3Al_4$ - $LDOs_{500}$、$Ti_1Li_3Al_4$ - $LDOs_{600}$、$Ti_1Li_3Al_4$ - $LDOs_{700}$(由于水滑石经过焙烧后,层状结构逐渐坍塌,主要以混合氧化物的形式呈现,因此一般以 LDOs - layered double oxides 表示)。复合材料按焙烧温度分别记为 $Ti_1Li_3Al_4$ - LDOs/$x$$AC_{180}$(由于延迟焦经过改性焙烧后,孔结构逐渐变发达,因此一般以活性炭的形式表示)、$Ti_1Li_3Al_4$ - LDOs/$x$$AC_{300}$、$Ti_1Li_3Al_4$ - LDOs/$x$$AC_{500}$、$Ti_1Li_3Al_2$ - LDOs/$x$$AC_{700}$等。

2. CO_2 吸附、脱附实验

图 6 - 1 为自制 CO_2 固定床吸附系统和光催化还原 CO_2 的石英固定床反应器及在线检测系统示意图。首先,称取吸附剂试样约 0.5 g,将样品颗粒置于自制的吸附装置中。使用 DZF - 6050 型真空干燥箱,在 150 ℃条件下抽取真空(DC、AC、复合材料均为 2.5 h)进行脱附再生,并记录质量 m_1。随后将吸附装置放入自制的反应器中,设定吸附温度,对 CO_2 进行吸附,保持温度直到吸附平衡,再次记录此时吸附装置的质量 m_2。吸附床自身质量记为 m_a,吸附剂的质量记为 m_b;吸附剂的

CO_2 吸附率 $\eta=(m_2-m_1)/m_b\times100\%$。

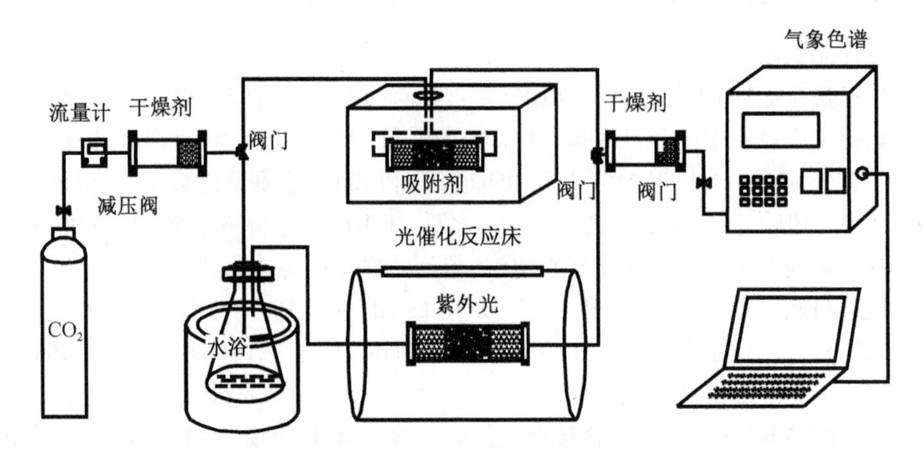

图 6-1　固定床反应器及在线检测系统示意图

将吸附饱和后的复合材料等吸附剂置于自制的吸附床中，250 ℃条件下，于真空干燥箱中干燥 0.5 h 进行脱附，重新放入自制的反应器中，记录反应器中天平显示的质量 m_1'；重复 CO_2 吸附实验，吸附完成后，称量吸附床的质量 m_2'，则该样品的 CO_2 吸附率为 $\eta=(m_2'-m_1')/m_b\times100\%$。

3. 光催化还原 CO_2 制 CH_4 的实验

采用图 6-1 中自制光催化还原 CO_2 的固定床反应及在线检测系统，在连续进样式活性评价系统中测试所有的样品光催化转化 $CO_2-H_2O(g)$ 的活性。将 1.0 g 催化剂均匀平铺在石英管中间部位，打开水汽发生器，温度上升至设定温度 60 ℃后，打开 CO_2 气瓶及流量控制器，流量为 80 mL/min，连续通入 CO_2 气体 10 min 以排出管道内空气。在紫外光照射下进行 CO_2 光催化还原，还原后的混合气体由上海灵华仪器有限公司制造的 GC9890 型气相色谱仪进行在线定量分析，进样器温度为 120 ℃，柱温设定 50 ℃，检测器温度 100 ℃。

6.2.3　钛锂铝类水滑石/碳复合材料的表征

1. 延迟焦的成分分析

延迟焦（DC）的预处理过程见 6.2.2。表 6-3 给出了预处理脱灰前后 DC 的工业分析与元素分析。由表 6-3 可知，DC 为低硫碳材料；经过脱灰处理后，DC 的硫分进一步下降，灰分含量从 9% 降至 0.09%。

本章制备了不同 DC 质量比的复合材料 $Ti_1Li_3Al_4$-LDHs/xDC 及 $Ti_1Li_3Al_2$-LDHs/xDC 样品，通过不同温度焙烧制备了 $Ti_1Li_3Al_4$-LDOs/xAC 和 $Ti_1Li_3Al_2$-

LDOs/xAC，具体制备过程见6.2.2。

表6－3　脱灰前后DC的工业分析和元素分析

	工业分析 w/%				元素分析 w_{daf}/%				
	M_{ad}	A_{ad}	V_{ad}	FC_{ad}^*	C	H	N	O*	S
脱灰前	0.68	9.01	4.54	85.77	76.33	4.55	3.78	5.59	9.75
脱灰后	0.65	0.09	12.22	87.04	90.79	4.05	1.54	1.55	2.07

2.XRD分析

图6－2为$Ti_1Li_3Al_4$－LDHs、DC和$Ti_1Li_3Al_4$－LDHs/xDC干燥样的XRD图谱。从图6－2中谱线f可以看出，DC在$2\theta=25.40°$附近出现一个较大的宽且弥散型衍射峰，相当于石墨中(002)晶面特征衍射峰，(d_{002})是碳材料石墨化程度的度量指标，它表示的是碳材料中芳香排列的规则程度。可见，此处的(d_{002})是说明延迟焦的结晶度较差，属于微晶碳形态，因此看不到特征谱线，表现为非晶态结构。从图6－2中谱线a中可以看出，$Ti_1Li_3Al_4$－LDHs的(003)(009)(105)(108)(110)(113)等晶面衍射峰尖锐而清晰，为典型的LDHs层状结构特征衍射峰。其中，(006)晶面出现特征双峰，与文献报道的Li/Al－LDHs的XRD谱类似，说明层板间的阳离子出现一价电荷锂离子。从XRD谱还可以看出，$Ti_1Li_3Al_4$－LDHs和DC复合后的样品中，随着DC含量的增加，水滑石(108)(113)(003)(009)(110)晶面的特征峰逐渐减弱；DC的衍射峰越来越明显；说明随着DC含量的增加，复合材料的结晶度下降。

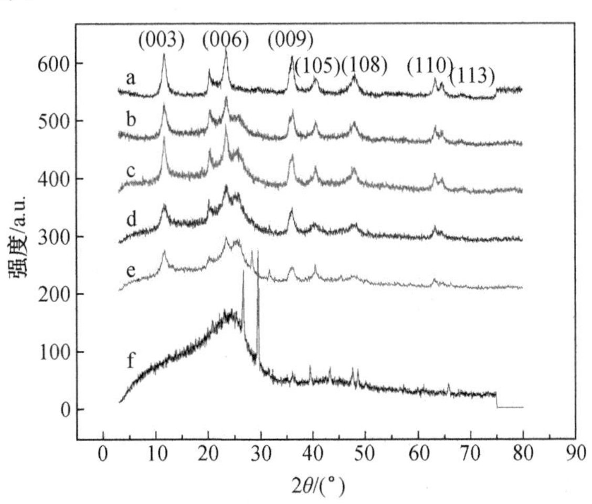

图6－2　$Ti_1Li_3Al_4$－LDHs、DC及$Ti_1Li_3Al_4$－LDHs/xDC的干燥样XRD图谱

表6－4列出了$Ti_1Li_3Al_4$－LDHs/xDC样品的XRD数据分析。从表中数据可以看出，所有样品的层间距(d_{003})都集中在0.70～0.75 nm之间，与文献报道的CO_3^{2-}型类水滑石层间距(约为0.75 nm)相近。据报道，Zn/Ti－LDHs的d_{003}层间距约为0.67 nm，这主要是因为含Ti^{4+}的类水滑石与传统的二价和三价水滑石相比，Ti^{4+}可以取代Zn^{2+}或Mg^{2+}产生两个正电荷，大量正电荷在层板间聚集使得层板间排斥作用增强，层板变形，层间距减小。还有文献报道，当Ti^{4+}的含量低于7%时，CO_3^{2-}插层的Zn/Al/Ti－LDHs层间距仍约为0.75 nm。

表6－4　$Ti_1Li_3Al_4$－LDHs/xDC样品的XRD数据分析

参数/nm	$Ti_1Li_3Al_4$－LDHs	$Ti_1Li_3Al_4$－LDHs/DC	$Ti_1Li_3Al_4$－LDHs/2DC	$Ti_1Li_3Al_4$－LDHs/3DC	$Ti_1Li_3Al_4$－LDHs/4DC
d_{003}	0.75	0.75	0.74	0.74	0.70
d_{006}	0.38	0.38	0.37	0.37	0.35
d_{009}	0.25	0.25	0.25	0.25	0.25
d_{110}	0.15	0.15	0.15	0.15	0.14
晶胞参数(a)	0.29	0.29	0.29	0.29	0.29
晶胞参数(c)	2.23	2.24	2.22	2.22	2.21
a轴方向晶粒尺寸	14.04	17.66	14.59	14.23	14.04
c轴方向晶粒尺寸	10.47	10.36	9.97	9.83	9.63

Li^+的半径约为0.078 nm，同Mg^{2+}(0.078 nm)和Zn^{2+}(0.083 nm)的半径相差不大，因此用Li^+代替Mg^{2+}和Zn^{2+}，能够在保持水滑石层间距不变的基础上制得新的层状化合物。从表中还可以看出，与$Ti_1Li_3Al_4$－LDHs相比，$Ti_1Li_3Al_4$－LDHs/xDC的d_{003}减小，说明衍射峰的位置发生偏移，也证实复合后的材料晶体结构发生了变化，部分碳元素可能进入到晶格内部，导致晶格畸变。而由此推测，这种晶格的变形，将会导致吸附剂官能团的变化，最终影响其对CO_2的吸附性能。同时还发现，随着DC含量的逐渐增加，类水滑石的晶粒尺寸也略有减小。

图6－3中谱线a～e分别为$Ti_1Li_3Al_2$－LDHs/DC、$Ti_1Li_3Al_2$－LDHs/2DC、$Ti_1Li_3Al_2$－LDHs/3DC、$Ti_1Li_3Al_2$－LDHs/4DC和$Ti_1Li_3Al_2$－LDHs/5DC干燥样的XRD

图谱。观察图6－3中谱线a～d可以看出，复合材料$Ti_1Li_3Al_2$－LDHs/xDC的XRD图谱均呈现了典型的LDHs层状结构特征衍射峰，且与之前图中$Ti_1Li_3Al_2$－LDHs的XRD图谱中衍射峰位置基本一致，在11.86°附近出现(003)晶面衍射峰，35.98°附近出现(009)晶面衍射峰，在40.36°附近出现(015)晶面衍射峰，在47.56°附近出现(018)晶面衍射峰，在63.46°附近出现(110)晶面衍射峰，在64.72°附近出现(113)晶面衍射峰，在20.22°和23.74°附近出现一价电荷锂离子在(006)晶面的特征双峰，同时在25.44°附近出现延迟焦的特征衍射峰，且发现随着DC含量的不断增加，XRD谱图中特征峰逐渐减弱，说明复合材料的结晶度逐渐下降。这与图6－2中得到的结论一致。

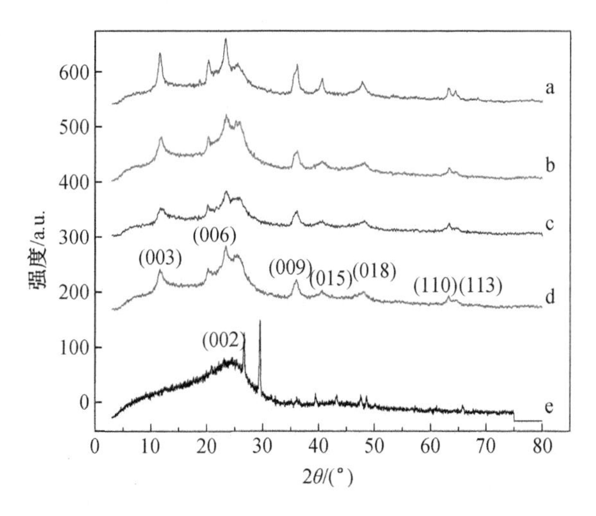

图6－3　$Ti_1Li_3Al_2$－LDHs/xDC的XRD图

表6－5列出了由XRD数据计算所得的不同DC含量的$Ti_1Li_3Al_2$－LDHs/xDC晶胞参数和晶粒大小。从表中可以看出，所有样品的层间距(d_{003})都集中在0.74～0.75 nm之间，证明其层间阴离子为碳酸根。同时发现，随着DC含量的增加，$Ti_1Li_3Al_2$－LDHs/xDC的d_{003}逐渐缓慢减小，说明衍射峰的位置发生偏移，也证实复合后的材料晶体结构发生了变化，部分碳元素可能进入到晶格内部，导致晶格畸变，这与表6－4中$Ti_1Li_3Al_4$/xDC现象相同。观察表中晶粒尺寸的数据发现，随DC含量的增加，$Ti_1Li_3Al_2$－LDHs晶粒在a轴方向和c轴方向的晶粒尺寸均在变小。由此可见，DC的存在，可以降低类水滑石的晶粒尺寸。

表 6-5 $Ti_1Li_3Al_2$-LDHs/xDC 样品的 XRD 数据分析

参数/nm	$Ti_1Li_3Al_2$-LDHs	$Ti_1Li_3Al_2$-LDHs/DC	$Ti_1Li_3Al_2$-LDHs/2DC	$Ti_1Li_3Al_2$-LDHs/3DC	$Ti_1Li_3Al_2$-LDHs/4DC
d_{003}	0.75	0.75	0.75	0.75	0.74
d_{006}	0.38	0.38	0.38	0.38	0.37
d_{009}	0.25	0.25	0.25	0.25	0.25
d_{110}	0.15	0.15	0.15	0.15	0.14
晶胞参数(a)	0.29	0.29	0.29	0.29	0.28
晶胞参数(c)	2.25	2.25	2.25	2.25	2.22
a 轴方向晶粒尺寸	16.42	16.09	16.56	16.54	15.52
c 轴方向晶粒尺寸	16.84	15.86	14.08	15.33	11.51

图 6-4 为不同温度焙烧后的 $Ti_1Li_3Al_2$-LDOs/3AC 复合材料和 $Ti_1Li_3Al_2$-LDOs 类水滑石焙烧样的 XRD 谱图。从图 6-4 中谱线 a～d 可以看出，随着焙烧温度的升高，复合材料中(003)(105)(108)等晶面的特征峰基本消失，(006)(009)晶面的特征峰逐渐减弱，(311)(400)等晶面所代表的尖晶石特征峰强度逐渐增加。这说明，随着焙烧温度的增加，水滑石的层板结构逐渐坍塌，晶体结构开始转化形成了 $Li_4Ti_5O_{12}$、Al_2TiO_5 等尖晶石的混合氧化物。

观察图 6-4 中谱线 a～h 可以发现，经过焙烧后的 $Ti_1Li_3Al_2$-LDOs/3AC 相比较 $Ti_1Li_3Al_2$-LDOs 的 XRD 谱图，类水滑石的特征衍射峰消失得更慢，而尖晶石的特征衍射峰(311)(400)(511)则在 500 ℃焙烧后才开始出现。这说明，$Ti_1Li_3Al_2$-LDOs 在与 AC 复合后，碳材料的添加抑制了类水滑石向混合氧化物转变的速度，这可能是因为随着温度升高，DC 向 AC 转化，吸附性能变强，强的吸附力对 $Ti_1Li_3Al_2$-LDOs 晶粒生长和转化起抑制作用，使其相变活化能增大，相变温度相对升高。另外，由于 AC 的修饰，$Ti_1Li_3Al_2$-LDOs/3AC 形成的非晶相层提高了晶格缺陷，易导致非化学配比，从而使相变速度减慢。

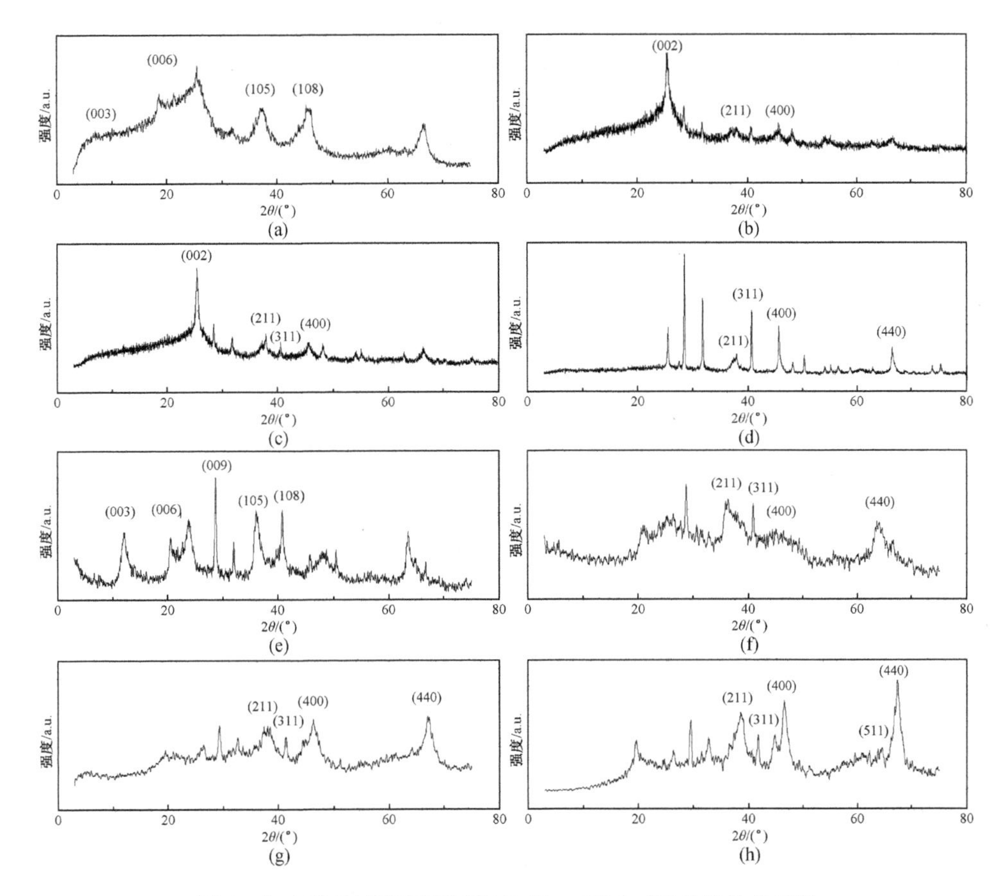

图 6－4　不同焙烧温度下 $Ti_1Li_3Al_2$－LDOs/3DC 结构的影响

3. TG－DTG 分析

为进一步确定吸附剂的热分解特性和组成变化，图 6－5 给出了 $Ti_1Li_3Al_2$－LDHs、$Ti_1Li_3Al_2$－LDHs/3DC 及 DC 干燥样的 TG－DTG 曲线。由图 6－5 中谱线可知，$Ti_1Li_3Al_2$－LDHs 在 180 ℃以内有一个明显的峰，主要是水滑石层间水的脱除引起的失重；180～300 ℃之间的失重主要归因于层间 CO_3^{2-} 和层板羟基的聚合脱水，对应于 DTG 曲线上相应温度区间内最大的峰，此阶段失重约 11%；300～500 ℃ 之间的失重则与杂离子分解和脱除有关；500 ℃之后的失重则归因于晶型转变形成结晶不完全的 TiO_2、LiO 等混合型氧化物。图 6－5 中谱线 b 是 DC 在 400 ℃ 以下有较小的失重，源于水分、挥发分的脱除，以及少量小分子的热解反应，但 400 ℃之后基本稳定，说明样品的热稳定性较好。图 6－5 谱线 c 中 $Ti_1Li_3Al_2$－LDHs/3DC 的失重主要发生在室温～180 ℃及 180 ℃～400 ℃两个温度区间，总失重率约为32%，与 $Ti_1Li_3Al_2$ - LDHs 相比失重率减小，热稳定性更好。同时，根据 TG - DTG 的分析进一步为焙烧温度的选择提供理论依据。

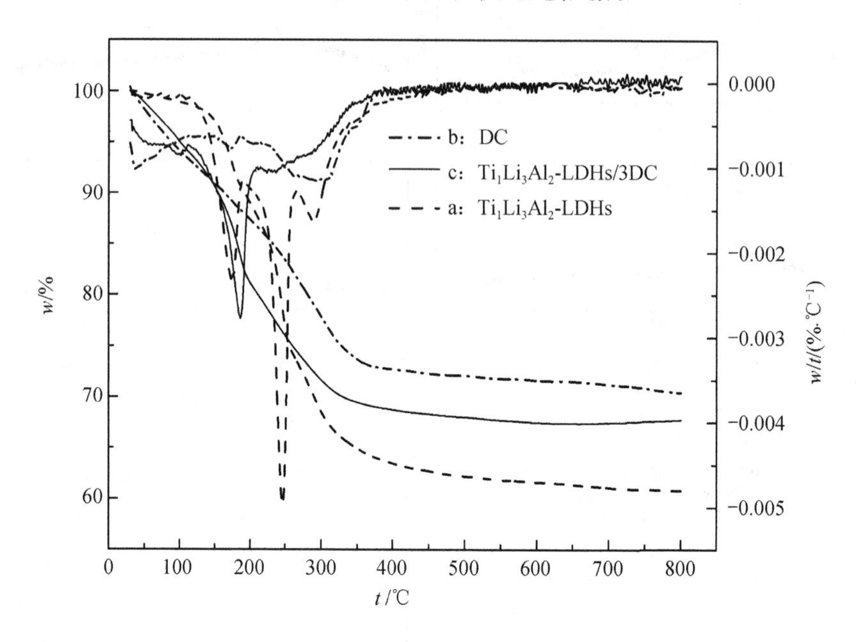

图6-5　$Ti_1Li_3Al_2$ - LDHs、$Ti_1Li_3Al_2$ - LDHs/3DC 及 DC 的 TG - DTG 曲线

4. SEM 分析

图6-6(e)为负载前 DC 的 SEM 照片，6-6(a)~(d)分别为 $Ti_1Li_3Al_2$ - LDHs/4DC、$Ti_1Li_3Al_2$ - LDHs/3DC、$Ti_1Li_3Al_2$ - LDHs/2DC、$Ti_1Li_3Al_2$ - LDHs/DC 干燥样的 SEM 照片，图6-6(f)为 $Ti_1Li_3Al_2$ - LDHs/4DC 中某一处放大200 000倍的 SEM 照片。从图6-6(f)可以清晰地看到，类水滑石在延迟焦表面生长良好。观察图6-6(a)~(d)，发现 $Ti_1Li_3Al_4$ - LDHs 更容易分布在 DC 凹陷的表面或者填充在大孔的孔洞中；同时发现，两种材料复合，随着 DC 含量增加后不仅没有影响 $Ti_1Li_3Al_2$ - LDHs 的层片结构，反而减少了纯水滑石样品由于纳米粒子体系自由能较大而形成的团聚体。

结合表6-5中的计算结果可以看出，$Ti_1Li_3Al_2$ - LDHs 的单晶粒径 a 轴方向尺寸约为14~17 nm，c 轴方向尺寸约为9~10 nm。比较图6-6中负载前后的 $Ti_1Li_3Al_4$ - LDHs SEM 照片可以看出，未掺杂的纯 $Ti_1Li_3Al_2$ - LDHs 粒子间团聚现象严重，团聚尺寸约为500~1 000 nm。与 DC 复合后，团聚现象明显降低，$Ti_1Li_3Al_2$ - LDHs/4DC 中团聚尺寸约为100~200 nm。可见，通过 DC 负载化可以改善类水滑石的分散性，减小团聚尺寸。有研究表明，AC 的掺杂可以降低晶体的晶粒尺寸，但 AC 的性质对晶粒大小的影响呈无规律变化。因此，可以认为，利用碳材料负载降低类水滑石的纳米团聚效应，与碳材料掺杂改善 TiO_2 分散性的研究结果一致。

(a) (b) (c) (d) (e) (f)

图6-6　不同DC含量的 $Ti_1Li_3Al_2$-LDHs/xDC的SEM照片

图6-7中(a)~(d)分别为 $Ti_1Li_3Al_2$-LDOs/3AC_{180}、$Ti_1Li_3Al_2$-LDOs/3AC_{300}、$Ti_1Li_3Al_2$-LDOs/3AC_{500}、$Ti_1Li_3Al_2$-LDOs/3AC_{700}的SEM照片。从图中可以看出，$Ti_1Li_3Al_2$-LDOs在AC表面的分布不均匀，与图6-6一样，$Ti_1Li_3Al_2$-LDOs填充在AC的表面凹陷处或者大孔中。图6-7(a)中发现，180 ℃焙烧后的 $Ti_1Li_3Al_2$-LDOs在AC表面依然保持着片层结构，图6-7(b)和(c)中发现焙烧温度高于300 ℃后，$Ti_1Li_3Al_2$-LDOs层片结构开始坍塌，但并没有完全消失；同时观察到，类水滑石主要分布在AC的孔径口处。由图6-7(d)看出，当温度高于500 ℃时，$Ti_1Li_3Al_2$-LDOs层片结构消失，此时主要是混合氧化物，晶型开始向尖晶石转化。

与 $Ti_1Li_3Al_2$-LDOs图相比可以发现，焙烧后的复合材料相对于类水滑石材料，其分散性更好。从 $Ti_1Li_3Al_2$-LDOs的照片中看到，焙烧温度高于300 ℃焙烧后的 $Ti_1Li_3Al_2$-LDOs层片结构基本消失，团聚现象对比焙烧前更为严重，这是由于类水滑石层间 CO_3^{2-} 和层板羟基开始聚合失水，且随着温度升高，晶核逐渐形成，晶粒逐渐增大，团聚现象加剧。在图6-7中，AC的存在则可以改善 $Ti_1Li_3Al_2$-LDOs的分散性，因为随着温度的升高，延迟焦活性炭材料的比表面积增大，微孔和中孔都急剧增加，结合 $Ti_1Li_3Al_2$-LDHs的晶粒尺寸(a轴方向和c轴方向均在

16 nm 左右）可以发现，此时 AC 发达的中孔结构可以阻碍类水滑石晶粒的交联，从而提高其分散性。这与上一章 XRD 图谱中的分析结论一致，TiO_2 负载 Mg/Al - LDHs 后团聚现象加剧，说明对于类水滑石催化剂，AC 作为载体更为优越。

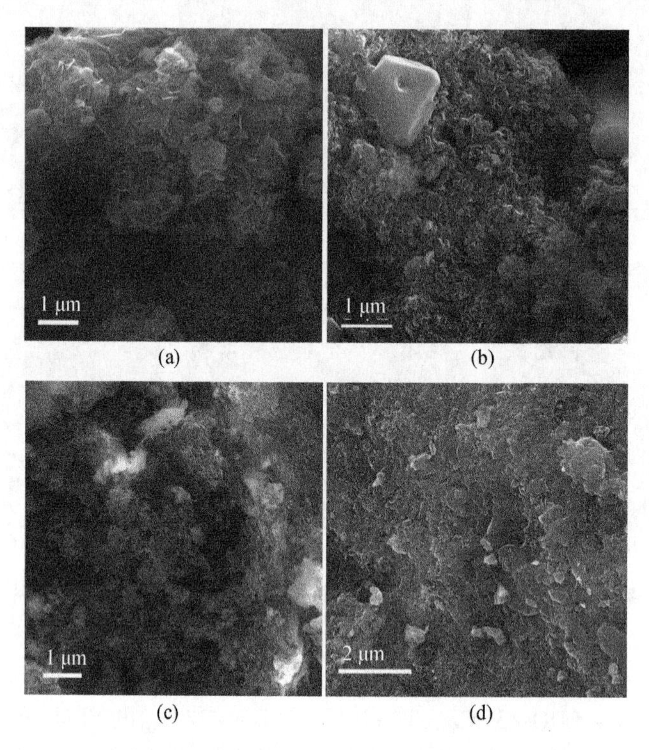

图 6 - 7　不同温度焙烧 $Ti_1Li_3Al_2$ - LDOs/3AC 的 SEM 照片

5. FT - IR 分析

图 6 - 8 和图 6 - 9 分别为不同 DC 含量的 $Ti_1Li_3Al_4$ - LDHs/xDC 和 $Ti_1Li_3Al_2$ - LDHs/xDC 的 FT - IR 图。从图 6 - 8 和图 6 - 9 中可以发现类似的规律：在 3 410 cm^{-1} 和 1 600 cm^{-1} 处出现催化剂表面 O—H 伸缩和弯曲震动峰。随着 DC 含量的增加，复合材料表面羟基变化不大；但随着 DC 含量的增加，在 1 980 cm^{-1} 附近出现了 C = O 的伸缩振动峰；在 1 627 cm^{-1} 处，C = C 的伸缩振动越来越强；在 1 134 cm^{-1} 附近出现 C—O 的伸缩振动峰；520 cm^{-1} 为 Ti—O 的伸缩振动峰，但 Ti—O 的伸缩振动峰向低波数偏移，而且吸收增强。

Zhang 等报道的 TiO_2/SiO_2 复合催化剂产生的 Ti—O—Si 键的 FT - IR 特征峰为 949 cm^{-1}。Liu 等报道的 TiO_2/DC 界面产生的 Ti—O—C 键的 FT - IR 特征峰出现在 1 020 cm^{-1} 附近。从图 6 - 8 中谱线 c ~ e 和图 6 - 9 中谱线 c ~ d 可以看出，在 1 021 cm^{-1} 处出现吸收峰，此吸收峰源于 C—O 和 Ti—O 的键合，即在类水滑石材

料和碳材料接触界面处有 Ti—O—C 键生成。因此,证实了 6.2.3 中 XRD 分析时,晶格的变形将会导致吸附剂官能团变化的推测。说明有 C 原子进入类水滑石晶格,导致晶胞缺陷和变形,将有利于复合材料的二氧化碳光催化性能的提高。

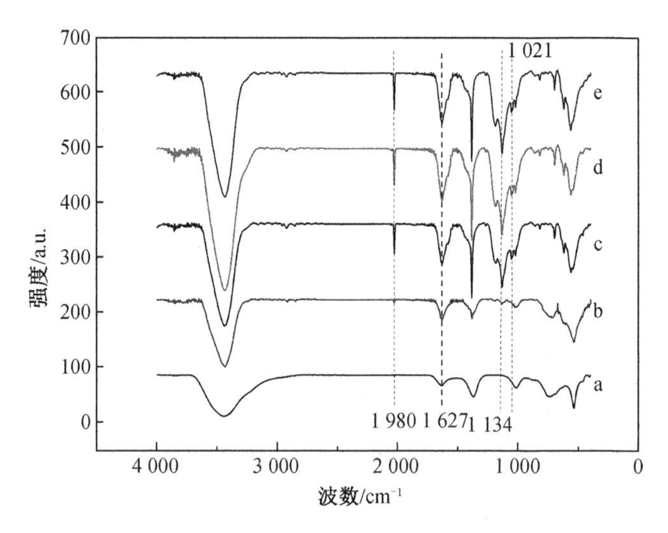

图 6-8　不同 DC 含量的 $Ti_1Li_3Al_4$-LDHs/xDC 的 FT-IR 图

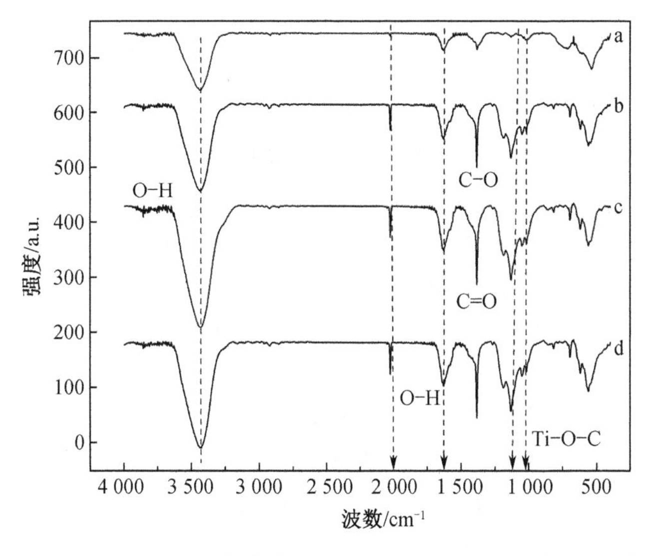

图 6-9　不同 DC 含量的 $Ti_1Li_3Al_2$-LDHs/xDC 的 FT-IR 图

根据图 6 – 5 中复合材料 TG 的分析结果，对 $Ti_1Li_3Al_2$ – LDHs/3DC 样品分别在 180 ℃、300 ℃、500 ℃、700 ℃进行焙烧，图 6 – 10 给出了 $Ti_1Li_3Al_2$ – LDOs/$3AC_{180}$、$Ti_1Li_3Al_2$ – LDOs/$3AC_{300}$、$Ti_1Li_3Al_2$ – LDOs/$3AC_{500}$、$Ti_1Li_3Al_2$ – LDOs/$3AC_{700}$ 的 FT – IR 图。

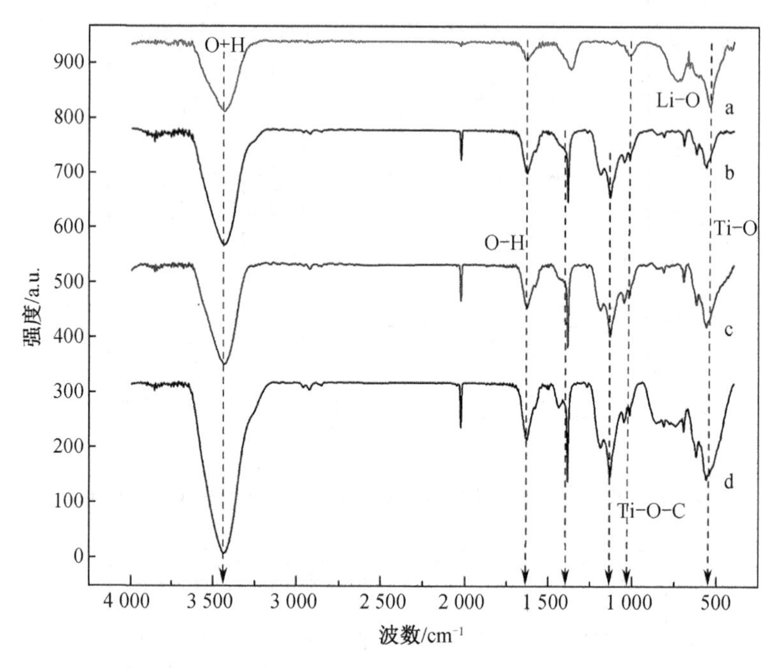

图 6 – 10 不同温度焙烧 $Ti_1Li_3Al_2$ – LDHs/3DC 的 FT – IR 图

从图 6 – 10 中可以看到，在 1 630 cm^{-1} 附近存在 O—H 键的弯曲振动峰，在 3 430 cm^{-1} 处出现一个宽而强的吸收峰，它属于层板间羟基和层间水分子氢键伸缩振动 v(O—H) 吸收带的叠加。比较图 6 – 10 中谱线 a ~ d 发现，随着焙烧温度的升高，在 510 ~ 1 060 cm^{-1} 处出现的 Ti—O 键吸收峰强度增加；在 1 374 cm^{-1} 和 1 630 cm^{-1} 处出现 Li—O 键的特征峰，说明焙烧后开始出现 Li_2O、Li_2TiO_3 等 Li 的金属氧化物；而此时 Ti—O—C 键的吸收峰也逐渐增强。从图 6 – 10 中谱线 a 发现，在1 389 cm^{-1} 附近出现 CO_3^{2-} 的特征伸缩振动吸收峰，但在图 6 – 10 中谱线 b ~ d 随着焙烧温度的升高，该特征峰消失。

6. N_2 – 吸附脱附分析

为了进一步了解吸附剂的比表面积、孔结构等参数，根据结构的表征分析，在延迟焦、类水滑石、复合材料中推测具有最佳 CO_2 吸附量的吸附剂，分别为 DC_{600}、$Ti_1Li_3Al_4$ – $LDOs_{300}$ 和 $Ti_1Li_3Al_4$ – LDOs/$3AC_{600}$ 三类吸附剂进行 N_2 – 吸附试验。图

6－11 和图 6－12 分别为三种吸附剂的 N_2 吸脱附等温线和孔径分布曲线。

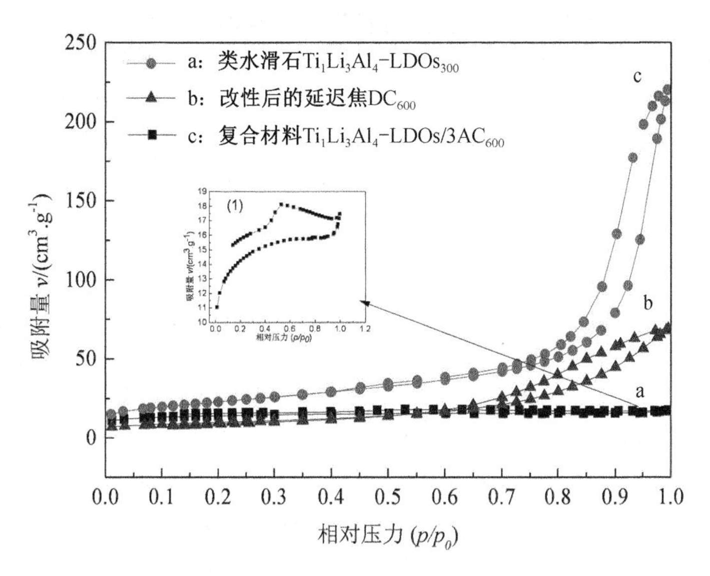

图 6－11　三种吸附剂的 N_2 吸脱附等温线

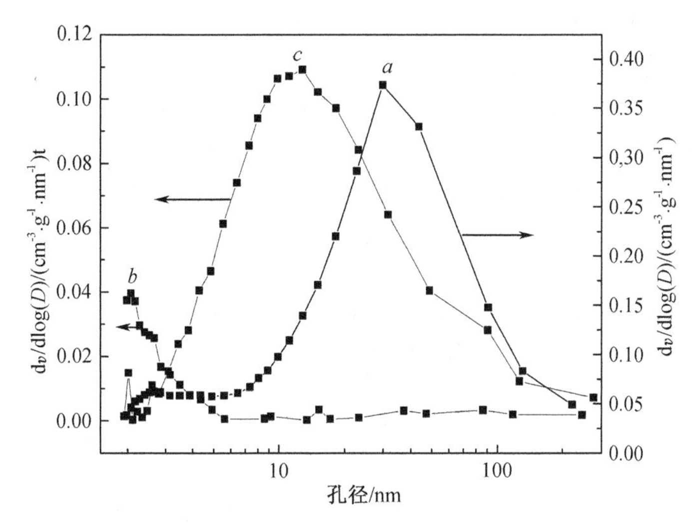

图 6－12　三种吸附剂的孔径分布曲线

从图 6－11 中可知，根据 BDDT 分类法，曲线图 6－11(a) 在低压段吸附量平缓，在 $p/p_0 = 0.8$ 时吸附量突增，证明发生了毛细管凝聚现象，多层吸附后紧接着吸附量急剧增加的毛细管凝结，这是介孔材料典型的 V 形吸附等温线类型曲线。图 6－11(b) 和图 6－11(c) 属于第 Ⅱ 型等温线，亦称为反 S 形吸附等温线，曲线前半段上升缓慢，在相对压力 0.3 时，第一层吸附大致完成；后半段吸附量急剧上升，吸附层数无限大，由开尔文方程解释为发生了毛细凝聚。同时，根据 de Boer 的吸附回线分类法分析发现，曲线 a 属于 B 类回线，反映典型的片状或膜状吸附剂，它具有平行壁的狭缝状毛细孔结构。曲线 b 和 c 属于第 D 类回线：吸附分支在饱和蒸汽压处很陡，脱附分支变化缓慢。该回线反映的是一种四面开放的尖劈形毛细孔，其产生机理与 B 类回线类似，只是板间不平行，吸附剂由相互倾斜的片或膜堆积而成。

由此可见，复合材料的表面孔结构和对吸附质的相互作用形式，与 DC_{600} 更为接近。从图 6－12 中可知，$Ti_1Li_3Al_4-LDOs_{300}$ 的孔径集中在 30 nm 左右，DC_{600} 的孔径集中在 2 nm，复合材料 $Ti_1Li_3Al_4-LDOs/3AC_{600}$ 的孔径集中在 2 nm、9 nm、10 nm 和 11 nm。这说明复合后的吸附剂保留了一定量的微孔，增加了大量的中孔，为 CO_2 的吸附、扩散提供了通道。

表 6－6 给出了 DC_{600}、$Ti_1Li_3Al_4-LDOs_{300}$ 及 $Ti_1Li_3Al_4-LDOs/3AC_{600}$ 的比表面积和孔结构参数。由表中数据可知，$Ti_1Li_3Al_4-LDOs/3AC_{600}$ 的比表面积为 35.278 m^2/g，小于纯 DC_{600} 和 $Ti_1Li_3Al_4-LDHs_{300}$ 的比表面积。由此推断两种材料复合后，$Ti_1Li_3Al_4-LDHs$ 纳米颗粒可能覆盖在 DC 表面或进入到 DC 的孔结构中，堵塞了部分孔道，导致比表面积降低。从表中还可看出，$Ti_1Li_3Al_4-LDOs/3AC_{600}$ 的总孔容为 0.098 cm^3/g，介于 DC_{600} 和 $Ti_1Li_3Al_4-LDHs_{300}$ 的孔容之间。其中，微孔孔容为 0.006 cm^3/g，占总孔容的 6%，小于 DC 孔容的 50%，大于 $Ti_1Li_3Al_4-LDOs_{300}$ 孔容的 1%；相对 $Ti_1Li_3Al_4-LDOs_{300}$ 而言，$Ti_1Li_3Al_4-LDOs/3AC_{600}$ 的微孔孔容增加，根据容积填充理论，微孔孔容的增加有利于吸附剂对 CO_2 的吸附；另外，相对 DC_{600} 而言，$Ti_1Li_3Al_4-LDOs/3AC_{600}$ 的总孔容增大。

表 6－6　DC_{600}、$Ti_1Li_3Al_4-LDHs_{300}$ 及 $Ti_1Li_3Al_4-LDHs/3DC_{600}$ 的比表面积和孔结构参数

样品	比表面积 /($m^2 \cdot g^{-1}$)		孔容 /($cm^3 \cdot g^{-1}$)		孔经/nm
	总比表面积	微孔比表面积	总孔容	微孔孔容	平均孔径
DC_{600}	48.901	29.333	0.026	0.013	2.097
$Ti_1Li_3Al_4-LDHs_{300}$	81.971	9.349	0.293	0.004	14.285
$Ti_1Li_3Al_4-LDHs/3DC_{600}$	35.278	14.855	0.098	0.006	11.150

通过对复合前后 $Ti_1Li_3Al_4-LDOs/3AC_{600}$ 的比表面积及孔结构进行分析发现，复合后的催化剂通过焙烧，其微孔和中孔均比较发达，孔结构分布更均匀，推测 $Ti_1Li_3Al_4-LDOs/3AC_{600}$ 的 CO_2 吸附性能对比复合前更好。

7. UV 分析

图6-13为 $Ti_1Li_3Al_2-LDHs/x$DC 的 UV-vis 漫反射吸收光谱图。由图6-13可以看出，所制备的不同 DC 含量的 $Ti_1Li_3Al_2-LDHs/x$DC 呈现响应紫外光的半导体吸收特性，因此可以参与光催化还原 CO_2+H_2O 制 CH_4 的反应。可由吸收极限波长 λ_0(nm)与禁带宽度 E_g 的关系式(5-1)计算出禁带宽度 E_g。

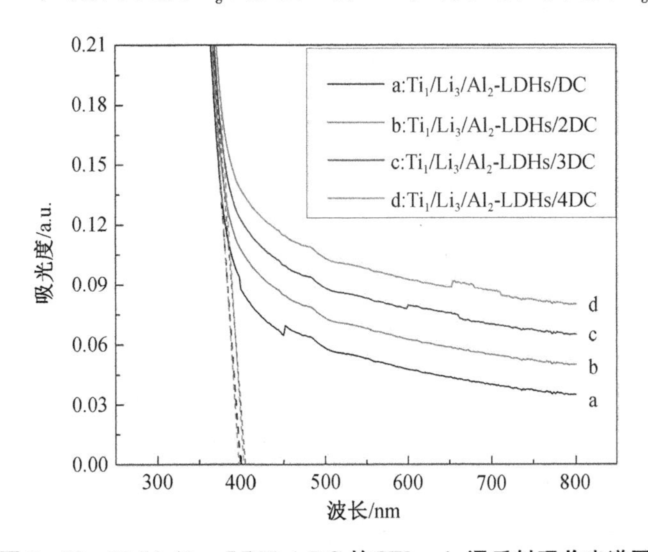

图6-13 $Ti_1Li_3Al_2-LDHs/x$DC 的 UV-vis 漫反射吸收光谱图

由图6-13中曲线的拐点可以看出，$Ti_1Li_3Al_2-LDHs/x$DC 的光吸收阈值并未发生太大改变，图6-13中的切线均落在400 nm附近的位置，计算得到的半导体带隙在3.10 eV左右，与类水滑石 $Ti_1Li_3Al_2-LDHs$ 的禁带宽度基本相同，这说明 DC 的存在对 $Ti_1Li_3Al_2-LDHs$ 的能阈值结构没有太大影响。比较图6-13中谱线 a~d 可以发现，DC 的存在使 $Ti_1Li_3Al_2-LDHs/x$DC 在可见区域的吸收明显增强，减弱反射，且随着 DC 含量的逐渐增加，吸收逐渐加强，这主要是因为 DC 对光的吸收引起的。

图6-14为不同温度下 $Ti_1Li_3Al_2-LDOs/3AC$ 焙烧样的 UV-vis 漫反射吸收光谱图。由图6-14可以看出，图6-14的切线位置分别在406 nm、398nm、409 nm、426 nm，由式(3-1)计算得到 $Ti_1Li_3Al_2-LDOs/3AC$ 经过180 ℃、300 ℃、500 ℃、700 ℃焙烧后的 $Ti_1Li_3Al_2-LDOs/3AC_{180}$、$Ti_1Li_3Al_2-LDOs/3AC_{300}$、$Ti_1Li_3Al_2-LDOs/3AC_{500}$、$Ti_1Li_3Al_2-LDOs/3AC_{700}$ 半导体带隙分别为3.05 eV、3.12 eV、

3.03 eV、2.91 eV 左右，均呈现响应紫外光的半导体吸收特性。

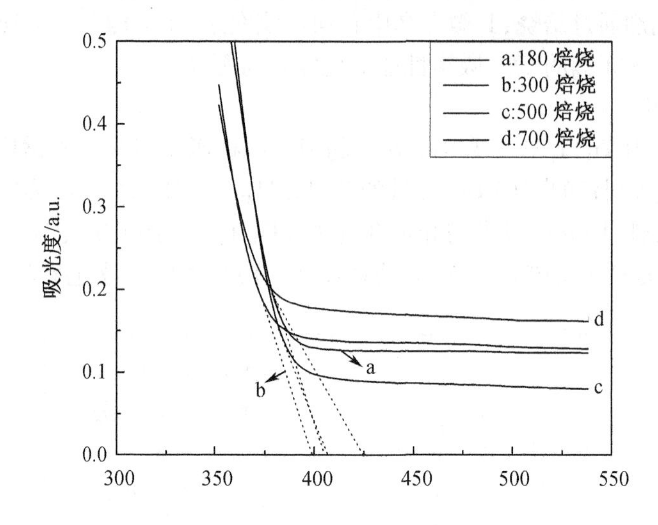

图 6－14　不同温度焙烧后的 $Ti_1Li_3Al_2$－LDOs/3AC 的 UV－vis 漫反射吸收光谱图

对比纯水滑石 $Ti_1Li_3Al_2$－LDOs 相同温度焙烧后的切线位置和带隙能发现，焙烧后的复合材料 $Ti_1Li_3Al_2$－LDOs/3AC 光吸收阈值略向短波长方向移动。这是由于根据纳米粒子的量子尺寸效应，纳米粒子的颗粒越小，其蓝移越大，而根据 5.2 节中 XRD 的分析和 SEM 得到的结论表明：AC 的存在可以降低 $Ti_1Li_3Al_2$－LDHs 的团聚性，减小 $Ti_1Li_3Al_2$－LDHs 的晶粒尺寸。

对比图 6－13 和图 6－14，发现不同温度焙烧后的 $Ti_1Li_3Al_2$－LDOs/3AC，其禁带宽度 E_g 的变化为先变宽再变窄，与 $Ti_1Li_3Al_2$－LDOs 所表现出的变化规律一致。这说明作为复合材料 $Ti_1Li_3Al_2$－LDOs/3AC 中的光催化主体 $Ti_1Li_3Al_2$－LDOs，在焙烧温度的逐渐升高时，由于层板结构遭到破坏，类水滑石半导体的导电率先减小。当焙烧温度高于 500 ℃时，$Ti_1Li_3Al_2$－LDOs 晶型开始转化，形成了 $Li_4Ti_5O_{12}$、Al_2TiO_5等尖晶石类的混合氧化物；同时由于 AC 的存在，碳元素掺杂到晶格内部，形成新键，造成晶格缺陷，进一步提高光催化效率，这与文献中的理论（AC 与光催化剂组成的复合材料体系，可以提高光催化活性）相符。

因此，通过 UV－vis 漫反射吸收光谱的分析，理论上 AC 的存在对 $Ti_1Li_3Al_2$－LDOs 的能阈值没有较大改变，对其能阈结构影响不大；在复合材料中，经过 700 ℃焙烧后的 $Ti_1Li_3Al_2$－$LDOs/3AC_{700}$，其半导体带隙最窄，最有利于光催化反应的进行。

6.3　钛锂铝类水滑石/碳复合材料的应用

6.3.1　钛锂铝类水滑石/碳复合材料在 CO_2 吸附上的应用

选择廉价而高效的碳材料吸附剂载体是当前研究的热点。本文采用具有良好孔结构且价格低廉的延迟焦(DC)为载体,担载新型类水滑石 Ti/Li/Al - LDHs,通过改性焙烧来获取一种同时具有高效 CO_2 吸附和光催化活性的新型复合材料 Ti/Li/Al - LDOs/xAC,实现了 CO_2 吸附、转化和原位再生,达到高效、节能等目标。本章采用前期已制备的 Ti/Li/Al - LDHs(LDOs)及 Ti/Li/Al - LDHs(LDOs)/xDC(AC),通过对复合材料体系中类水滑石和延迟焦适宜比例的考察,焙烧温度等因素对其吸附性能影响规律的探讨,并对两种材料复合后的协同效应和吸附机理进行推理,为 CO_2 吸附剂的进一步开发提供新思路。

1. 复合材料结构对吸附性能的影响

表6-7和表6-8分别列出了:$Ti_1Li_3Al_4$ - LDHs/xDC 和 $Ti_1Li_3Al_2$ - LDHs/xDC 及其不同温度焙烧后的样品 $Ti_1Li_3Al_4$ - LDOs/xAC 和 $Ti_1Li_3Al_2$ - LDOs/xAC,对 CO_2 的吸附性能的研究结果。

表6-7　复合前后的 $Ti_1Li_3Al_4$ - LDHs/xDC 对 CO_2 的吸附量

样品	原样/(mg/g)	180 ℃焙烧/(mg/g)	300 ℃焙烧/(mg/g)	500 ℃焙烧/(mg/g)	600 ℃焙烧/(mg/g)
$Ti_1Li_3Al_4$ - LDHs	34.8	29.5	37.3	32.9	26.8
$Ti_1Li_3Al_4$ - LDHs/DC	29.0	30.0	40.3	45.2	52.8
$Ti_1Li_3Al_4$ - LDHs/2DC/DC/2DC	32.4	31.0	42.4	47.0	56.6
$Ti_1Li_3Al_4$ - LDHs/3DC/3DC	35.0	33.4	37.8	50.8	58.2
$Ti_1Li_3Al_4$ - LDHs/4DC/4DC	30.8	28.6	32.2	37.8	50.2
DC	—	—	20.8	40.6	49.8

由表6-7中数据可知,DC_{600}对 CO_2 的吸附量最高达到49.8 mg/g;$Ti_1Li_3Al_4$ - LDHs 经过300 ℃焙烧后,$Ti_1Li_3Al_4$ - $LDOs_{300}$对 CO_2 的吸附量最高达到37.3 mg/g;经过600 ℃焙烧后,$Ti_1Li_3Al_4$ - LDOs/xAC 复合材料其吸附量均比其他温度下的吸附性能好,对 CO_2 的吸附量随 AC 质量比的不同,其吸附性能高低的顺序为:Ti_1Li_3

Al_4 - LDOs/3AC_{600} > $Ti_1Li_3Al_4$ - LDOs/2AC_{600} > $Ti_1Li_3Al_4$ - LDOs/AC_{600} > $Ti_1Li_3Al_4$ - LDOs/4AC_{600}，其中，$Ti_1Li_3Al_4$ - LDHs/3DC_{600}对 CO_2 的吸附量最高，达到 58.2 mg/g。由表 6 - 8 中数据看到 DC_{700}对 CO_2 的吸附量最高达到 49.7 mg/g；$Ti_1Li_3Al_4$ - LDHs 经过 300 ℃ 焙烧后，$Ti_1Li_3Al_4$ - $LDOs_{300}$ 对 CO_2 的吸附量最高达到 53.5 mg/g；700 ℃焙烧后，$Ti_1Li_3Al_2$ - LDOs/xAC 复合材料其吸附量均比其他温度下的吸附性能好，对 CO_2 的吸附量随 AC 质量比的不同，其吸附性能由高到低的顺序为：$Ti_1Li_3Al_2$ - LDOs/3AC_{700} > $Ti_1Li_3Al_2$ - LDOs/2AC_{700} > $Ti_1Li_3Al_4$ - LDOs/AC_{700} > $Ti_1Li_3Al_4$ - LDOs/4AC_{700}。由此可见，对于三种材料的二氧化碳吸附性能而言，600 ℃为 DC 的最佳热处理温度，300℃为 Ti/Li/Al - LDHs 的最佳热处理温度，600 ℃为 Ti/Li/Al - LDHs/xDC 的最佳热处理温度。

表 6 - 8　复合前后的 $Ti_1Li_3Al_2$ - LDHs/xDC 对 CO_2 的吸附量

样品	原样 /(mg/g)	180 ℃焙烧 /(mg/g)	300 ℃焙烧 /(mg/g)	500 ℃焙烧 /(mg/g)	700 ℃焙烧 /(mg/g)
$Ti_1Li_3Al_2$ - LDHs	39.2	42.8	53.5	51.2	27.5
$Ti_1Li_3Al_2$ - LDHs/DC	34.5	41.0	54.3	55.2	51.2
$Ti_1Li_3Al_2$ - LDHs/2DC/DC/2DC	37.4	44.9	54.2	56.1	56.6
$Ti_1Li_3Al_2$ - LDHs/3DC/3DC	41.0	48.4	55.9	56.0	57.9
$Ti_1Li_3Al_2$ - LDHs/4DC/4DC	33.8	40.7	54.0	54.1	51.1
DC	—	—	20.8	40.6	49.7

对比表 6 - 7 和表 6 - 8 中复合前后 CO_2 的吸附量均可看出，两种材料复合后单位质量的 CO_2 吸附量明显增加。结合 XRD 分析可以知道，$Ti_1Li_3Al_4$ - LDOs/xAC 与 $Ti_1Li_3Al_4$ - LDOs 在相同温度条件下处理后样品的 XRD 图相比较可以发现，前者的晶体层间距减小，衍射峰前移，说明碳元素可能掺杂到水滑石晶格内部，导致晶格变形，形成新的晶体结构，从而引起材料的表面化学性质和官能团发生变化。FT - IR 分析可以看出，复合材料在 1 020 cm^{-1}附近有 Ti—O—C 键的特征峰出现，说明 DC 与 $Ti_1Li_3Al_4$ - LDHs 的复合并非简单的混合，而是通过界面力结合形成一种新的材料，改善其孔结构分布。

DC_{600}的总孔容仅为 $Ti_1Li_3Al_4$ - LDHs 的 1/10，其对 CO_2 的吸附容量相对较低。同时可以发现，$Ti_1Li_3Al_4$ - LDHs 虽然有较高的总孔容，但是其微孔孔容的比例很低，因此也不利于对 CO_2 的吸附。将 $Ti_1Li_3Al_4$ - LDHs 与 DC 复合，然后经过焙烧，

所制备的 $Ti_1Li_3Al_4$ - LDOs/xAC 复合材料其孔结构分布得到了改善，复合材料既有丰富的微孔结构，又有相对发达的中孔结构，从而为 CO_2 的吸附提供良好的吸附和传质基础条件，提高 CO_2 的吸附容量。

第7章对 Ti/Li/Al - LDHs/xDC 的密度泛函分析，将进一步证实复合材料体系中，C 原子进入 Ti/Li/Al - LDHs(LDOs)晶胞内部，形成新的化学键和新的晶体结构，增强其稳定性。因此，DC 与 Ti/Li/Al - LDHs 复合，一方面通过两者间的协同效应，引起材料的表面化学性质和官能团发生变化，提高材料的吸附性能；另一方面，通过焙烧处理，改善材料的孔结构分布、增加孔容，提高 CO_2 的吸附容量。

2. 复合材料再生性能考察

在实际的应用中，吸附剂不但要有较高的吸附性能，同时应该具有较好的脱附性能和再吸附性能。图 6 - 15 为 DC_{600}、$Ti_1Li_3Al_4$ - $LDOs_{300}$、$Ti_1Li_3Al_4$ - LDOs/$3AC_{600}$三种吸附剂在经过 10 次吸附与脱附循环后对 CO_2 的吸附效果。由图 6 - 15 可知，DC_{600}和 $Ti_1Li_3Al_4$ - LDOs/$3AC_{600}$经过 10 次循环后，吸附容量仍可保持在 95% 以上，$Ti_1Li_3Al_4$ - $LDHs_{300}$经过 10 次循环后，吸附性能略低于 DC_{600}和 $Ti_1Li_3Al_4$ - LDOs/$3AC_{600}$。这说明 DC_{600} 和 $Ti_1Li_3Al_4$ - LDOs/$3AC_{600}$性质更接近，热稳定性更好。

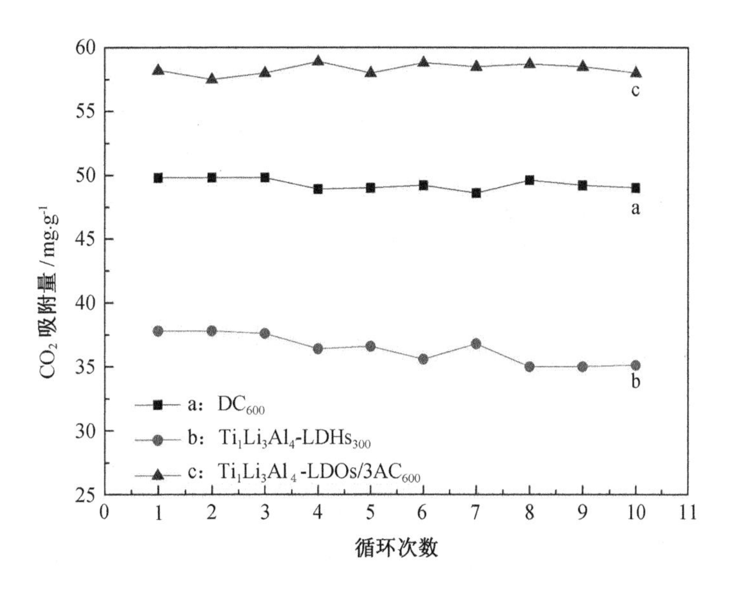

图 6 - 15 三种吸附剂的 CO_2 多次循环吸附量

6.3.2 钛锂铝类水滑石/碳复合材料在 CO_2 光催化中的应用

1.结构变化对光催化性能的影响

首先,对复合材料进行空白试验分析:在没有光照的暗反应条件下,使用不同 DC 含量的 $Ti_1Li_3Al_2$ - LDHs(LDOs)/xDC(AC)进行空白试验,发现几乎检测不到光催化产物;在有紫外光照射的情况下,对 DC(AC)进行 CO_2+H_2O 的还原反应,依然检测不到光催化产物;而在有紫外光照射的情况下,即使没有 CO_2 或 H_2O 作为反应气的条件下依然可以检测到有 CO 和 CH_4产生。

图 6-16 为不同 DC 含量的 $Ti_1Li_3Al_2$ - LDHs/xDC 样品光催化还原 CO_2 和水蒸气的试验结果。从图 6-16 中可以看出,所有样品均表现出良好的光催化活性,随着反应时间的增加,甲烷产率迅速增加,在反应时间为 2 h 前后甲烷产率最高。随后,甲烷产率略有下降,在反应时间达到 4 h 时,基本稳定。CO_2 光催化还原的产物主要为 CH_4,其次,浓度较高的是 CO 和 O_2。这说明水滑石层间阴离子 CO_3^{2-} 和层间 H_2O 分子参与了光催化反应。以此,推测其反应过程可能为

$$CO_2+2e^-+2h^+\rightarrow CO+1/2O_2 \tag{6-1}$$

式(6-1)中反应包括(6-2)~(6-5)四个基元反应:

$$CO_2+H^++e^-\rightarrow HCO_{2(ads)} \tag{6-2}$$

$$HCO_{2(ads)}+H^++e^-\rightarrow CO+H_2O \tag{6-3}$$

$$2H_2O+2h^+\rightarrow 2OH_{(ads)}+2H^+ \tag{6-4}$$

$$2OH_{(ads)}\rightarrow 1/2O_2+H_2O \tag{6-5}$$

可以看出,前期的反应过程中有大量 CO 产生,而 CO 可以与 H 反应,生成 CH_4,以此推出 CO_2 转化为 CH_4的反应机理如下:

$$H_2O+h^+\rightarrow OH\cdot+H^+ \tag{6-6}$$

$$2CO_2+4e^-+4h^+\rightarrow 2CO+O_2 \tag{6-7}$$

$$CO+6e^-+6H^+\rightarrow CH_4+H_2O \tag{6-8}$$

式中 h^+——电子空穴。

对比图 6-16 中 a ~ d 发现,$Ti_1Li_3Al_2$ - LDHs/xDC 对比 $Ti_1Li_3Al_2$ - LDHs 在 2 h 前反应速率更快,DC 负载后总体的 CH_4产率更高,且当 $x=3$ 时,$Ti_1Li_3Al_2$ - LDHs/3DC 的 CH_4产率为 1.55 mmol/g,出现复合材料干燥样中 CH_4产率的最大值。由此可见,DC 的存在能提高 $Ti_1Li_3Al_2$ - LDHs 的光催化性能,这主要是由于 DC 的吸附性能为 $Ti_1Li_3Al_2$ - LDHs 提供了高浓度的反应环境。光催化反应的动力学研究表明,反应物主要是通过吸附在催化剂的表面而发生光催化反应,且反应速率与光催化剂对反应物的吸附量有直接关联。光催化反应的重要步骤之一即反应物分子与光催化剂碰撞,并富集在催化剂表面,但往往由于反应物分子与光催化剂

碰撞频率很低,导致大部分的光催化反应的反应速率缓慢同时有研究表明,半导体颗粒的分散性能越好,其作为光催化剂与反应物的接触面越大。通过本章中 XRD 的分析和 SEM 的分析,说明了 DC 的负载可以提高类水滑石的分散性,减小其晶粒尺寸,因此可以说通过 DC 的负载的方法有利于增大类水滑石催化剂与 CO_2 的接触面,使 Ti/Li/Al－LDHs 光催化后激发后产生的光生电子与 H_2O 和 CO_2 充分地碰撞和结合,产生 · OH 和 · CO_2^- 两种中间态物质,提高光催化反应速率和 CH_4 产率。

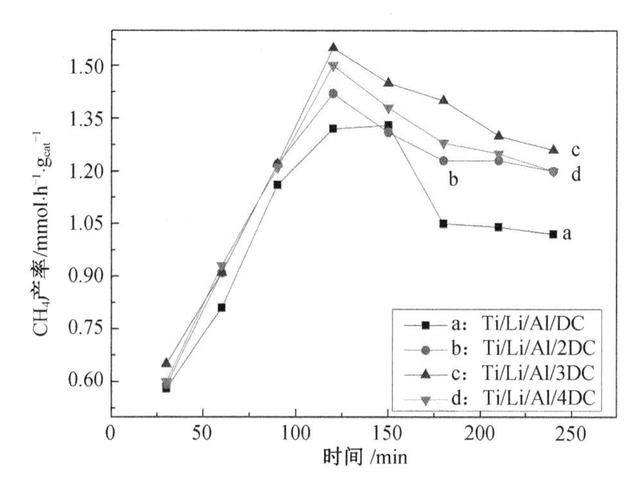

图 6－16　不同 DC 含量 $T_{i_1}Li_3Al_2$－LDHs/*x*DC 的 CH_4 产率

图 6－17 为不同温度焙烧后的 $Ti_1Li_3Al_2$－LDOs/3AC 和干燥样 $Ti_1Li_3Al_2$－LDHs/3DC 的光催化还原 CO_2 和水蒸气的试验结果。从图 6－17 中可以看出,随着焙烧温度的逐渐升高,CH_4 产率增加,经过 700 ℃焙烧以后,CH_4 最高产率可以达到 2.09 mmol/g,这说明随着焙烧温度升高,其光催化活性增强。比较图 6－17 中 a～e 发现,焙烧后的样品对比干燥样稳定性能更好,在 CH_4 产率达到最大值后,可以维持较长时间,而干燥样在 CH_4 产率达到最大值后便开始下降。可见,$Ti_1Li_3Al_2$－LDOs/3AC_{700} 的光催化性能最好,不仅因为焙烧后的 $Ti_1Li_3Al_2$－LDOs 向尖晶石晶体结构的 $Li_4Ti_5O_{12}$、Al_2TiO_5 等混合氧化物转变提高了 CH_4 产率;另一方面是因为高温焙烧后的延迟焦,比表面积和孔结构的改变,吸附性能迅速提高,为 $Ti_1Li_3Al_2$－LDOs 提供了高浓度的光催化反应环境,提高了光催化反应速率和 CH_4 产率。同时发现,在光照条件下,$Ti_1Li_3Al_2$－LDOs 的存在也提高了 AC 的吸附性能,延长了 AC 的吸附饱和时间,宏观上表现为增加了 AC 的平衡吸附量。

2. 复合材料再生性能及其机理研究

图 6－18 为复合材料 $Ti_1Li_3Al_2$－LDOs/3AC_{700} 中 AC 的原位吸附再生机理图。

在 $Ti_1Li_3Al_2$ - LDOs/3AC_{700}体系中，AC 经过高温焙烧，比表面积增大，孔结构变发达，以微孔为主，同时存在大量中孔。研究表明，AC 上中孔对于提高晶体分散性、增大接触界面具有重要作用，同时成为 CO_2 的扩散通道，利于 AC 孔内吸附的 CO_2 分子迅速向光催化活性中心的 $Ti_1Li_3Al_2$ - LDOs 移动，为 $Ti_1Li_3Al_2$ - LDOs 提供了高浓度的反应环境，在本章中 XRD 和 SEM 的分析也证实了此结论。另外，根据容积填充理论，微孔是吸附 CO_2 最佳孔径，为 $Ti_1Li_3Al_2$ - LDOs/3AC_{700}体系提供了更多的吸附位；因此，AC 在 $Ti_1Li_3Al_2$ - LDOs/3AC_{700}体系中成了主要的 CO_2 浓集中心，AC 表面及其大孔内负载的 $Ti_1Li_3Al_2$ - LDOs，在紫外灯照射条件下产生 · OH、· H 和 · CO 等活性基团，形成大量 CO 和 O_2 等中间产物，最终成了将 CO_2 转化为 CH_4的活性中心。从图 6 - 18 中看出，由于此活性中心的存在及其表面的 CO_2 浓度逐渐趋于零的转化状态，使 AC 表面重新吸附的 CO_2 分子向活性中心扩散，形成孔内浓度差，在此状况下，扩散作用持续进行，导致 AC 中吸附位持续空出，从而实现 AC 的原位再生，宏观上表现为 AC 的吸附容量的增加。

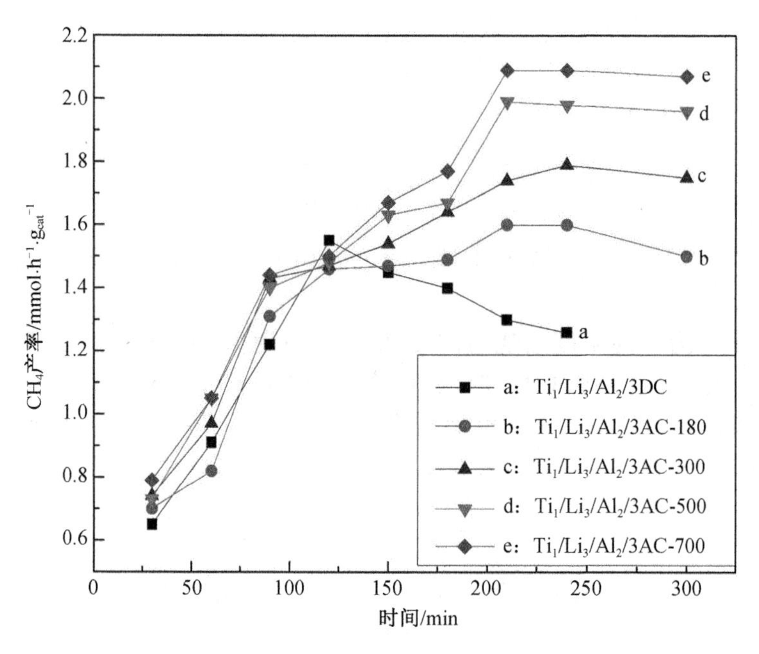

图 6 - 17　不同温度焙烧后的 $Ti_1Li_3Al_2$ - LDOs/3AC 的 CH_4产率

第 5 章中对 $Ti_1Li_3Al_2$ - LDHs 及其焙烧后的样品 $Ti_1Li_3Al_2$ - LDOs 光催化再生性能进行了考察，发现纯水滑石样品中 700 ℃焙烧后的 $Ti_1Li_3Al_2$ - $LDOs_{700}$其再生性能相对焙烧前略好，10 次循环后下降 12% 左右。此处选择了 $Ti_1Li_3Al_2$ - LDHs/3DC 和 $Ti_1Li_3Al_2$ - LDOs/3AC_{700}两种复合材料光催化剂进行再生性能对比考察，图

6－19为$Ti_1Li_3Al_2$－LDHs/3DC在10次循环后CH_4产率的误差棒图。由图6－19可知，随着循环次数的增加，$Ti_1Li_3Al_2$－LDHs/3DC的光催化活性下降，10次循环后光催化转化率下降了11%左右，从1.55 mmol/g下降到1.38 mmol/g。

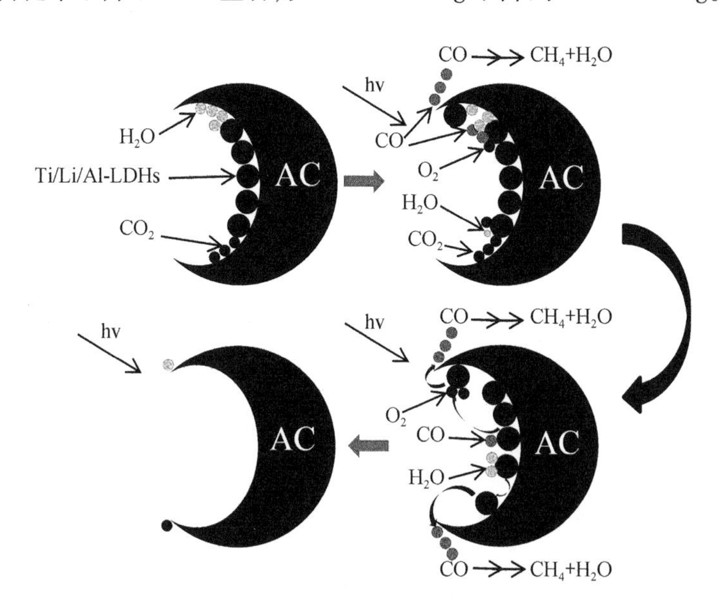

图6－18 复合材料中AC的原位吸附再生机理图

比较图6－19中$Ti_1Li_3Al_2$－LDHs/3DC和图6－4中$Ti_1Li_3Al_2$－LDHs的再生性能可以看出，DC负载前的$Ti_1Li_3Al_2$－LDHs在10次循环后，CH_4产率下降了20%，而DC负载后的下降率为12%。可见，DC的存在对其再生性能的影响很大，分析原因主要有以下两点。

首先，DC的存在可以改变光催化过程中中间产物的分布。在光催化反应过程中，随着时间的推移，反应的中间产物由于没有及时进行下一步反应而积累在催化剂表面，这种长期的堆积会造成两种后果：一种是吸附在催化剂表面的物质阻碍了反应物与光催化剂的接触和碰撞，相当于降低了反应物与光催化剂的接触面积和反应物浓度；另一种是催化剂活性中心位被占据而板结，相当于减少了光催化剂的反应活性中心。这两种情况均不利于光催化反应的进行。因此，如果随着反应时间的增加，$Ti_1Li_3Al_2$－LDHs的活性中心减少，或者$Ti_1Li_3Al_2$－LDHs与CO_2的接触越来越少，会导致催化剂失活。碳材料有特殊孔结构和表面化学性质，与光催化剂晶体颗粒复合后，可以发现反应物分子在光催化剂表面是以吸附态被还原，中间产物可以继续被吸附并反应，从而使催化剂在较长时间内保持活性较高而不致失活。因此，复合材料$Ti_1Li_3Al_2$－LDHs/3DC体系相对于纯水滑石有较高的再生性能及光催化活性，这主要源于 DC 对中间产物较强的吸附能力和吸附状态下 CO 等中间产物较高的光催化转化速度。同时，这也解释了 $Ti_1Li_3Al_2$ - LDHs/3DC 会比 $Ti_1Li_3Al_2$ - LDHs 催化剂失活速度慢的原因。

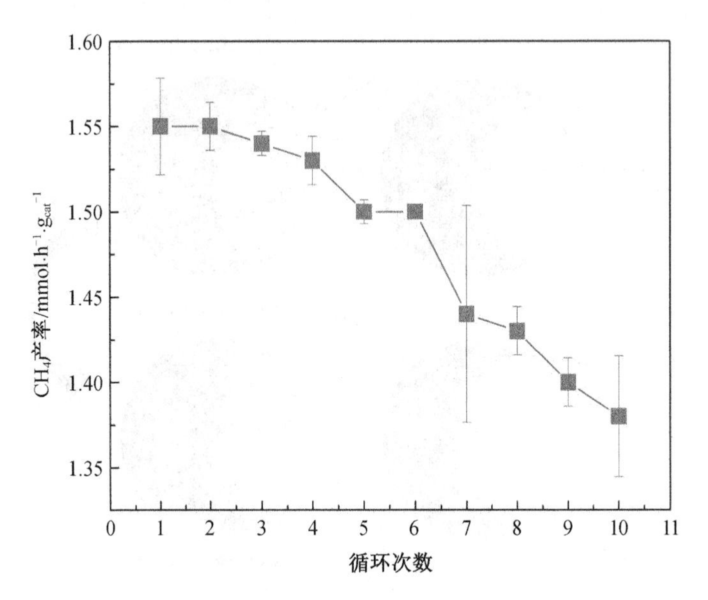

图 6-19　$Ti_1Li_3Al_2$ - LDHs/3DC 循环 10 次后的 CH_4 产率误差棒图

其次，DC 的存在有效抑制了催化剂表面竞争吸附的失活因素。在固定的时间内，反应物与其他分子存在竞争吸附的关系，这也决定了光催化反应的去除效率。在 $Ti_1Li_3Al_2$ - LDHs 表面，水蒸气浓度过大就会影响光催化反应速率，这主要因为水分子可与 CO_2 抢夺表面活性位，从而降低 CO_2 还原反应效率。Ao 等研究表明，通过碳材料的负载，随着时间的增加，当水蒸气浓度累计过高的副作用可以得到改善，从而提高光催化剂的反应效率。

由此可见，DC 的负载可以抑制光催化反应中 $Ti_1Li_3Al_2$ - LDHs 的失活因素，减缓长周期反应条件下光催化剂的失活，从而提高复合材料的再生性能。

图 6-20 为 $Ti_1Li_3Al_2$ - LDOs/3AC_{700} 在 10 次循环后 CH_4 产率的误差棒图。由图 6-20 可知，$Ti_1Li_3Al_2$ - LDOs/3AC_{700} 的光催化活性较好，10 次循环后光催化转化率仍保持在 90% 左右，从 2.09 mmol/g 下降到 1.88 mmol/g，仅下降了 0.21 mmol/g。比较图 6-20 和图 6-15 及 6-19 发现，700 ℃焙烧后的复合材料 $Ti_1Li_3Al_2$ - LDOs/3AC_{700} 在 10 次循环后 CH_4 产率均高于 700 ℃焙烧后的纯水滑石 $Ti_1Li_3Al_2$ - LDHs 和焙烧前的 $Ti_1Li_3Al_2$ - LDOs/3DC，这是由于高温焙烧后的复合材料、AC 孔径和表面化学性质的改变提升了其吸附性能，从而进一步改善光催化

剂的分散性，增加了 CO_2 与活性中心的接触和碰撞机会，抑制了催化剂失活的关键因素，从而延长了光催化剂使用寿命，增强了其稳定性，即再生性能。

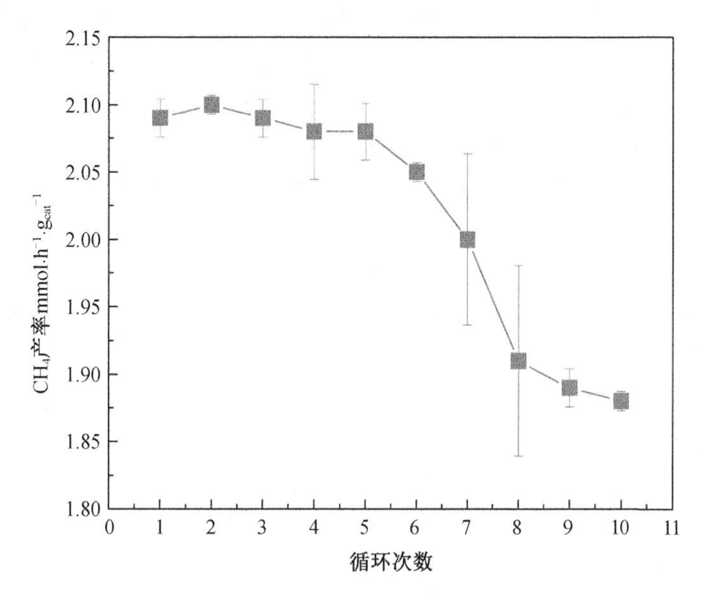

图 6-20 $Ti_1Li_3Al_2$-LDOs/$3AC_{700}$ 循环 10 次后 CH_4 产率的误棒图

6.4 小 结

(1)以 DC 为载体，制备了 $Ti_1Li_3Al_4$-LDHs/*x*DC 和 $Ti_1Li_3Al_2$-LDHs/*x*DC，研究了不同质量比的 DC 对复合材料结构的影响。结果表明，随着 DC 含量增加，材料的结晶度下降，C 原子进入到晶格内部，导致类水滑石晶格发生畸变；同时在两种材料界面有 Ti—O—C 键生成。因此，DC 和 Ti/Li/Al-LDHs 不是简单地复合，而存在协同效应。

(2)对 $Ti_1Li_3Al_2$-LDHs/*x*DC 在不同温度条件下进行热处理，制备了 $Ti_1Li_3Al_2$-LDOs/*x*AC。通过 XRD、SEM 等分析表明，AC 的负载可以提高类水滑石的分散性，减小其晶粒尺寸。经过 600℃焙烧后的 $Ti_1Li_3Al_2$-LDOs/$3AC_{600}$ 对比复合前的两种材料，微孔和中孔体积都增大，其孔结构分布更有利于 CO_2 的吸附，可以推测两种材料复合后对 CO_2 的吸附性能提高。通过 UV 分析发现，AC 的存在对 $Ti_1Li_3Al_2$-LDOs 的能阈值没有较大改变；在复合材料中，$Ti_1Li_3Al_2$-LDOs/$3AC_{700}$ 半导体带隙最窄，其光催化活性最好。

(3)考察了不同 DC 质量比的 Ti/Li/Al-LDHs/*x*DC 在不同温度焙烧后的 CO_2

吸附性能。结果表明，600 ℃为 Ti/Li/Al – LDHs/xDC 的最佳热处理温度，且对比复合前的 AC 和 Ti/Li/Al – LDOs，CO_2 吸附性能增强，结合复合材料的结构表征和密度泛函理论分析发现，AC 与 Ti/Li/Al – LDOs 复合后，一方面通过两者间的协同效应，引起材料的表面化学性质和官能团发生变化，提高了材料的吸附性能；另一方面，通过焙烧处理，改善材料的孔结构分布、增加孔容，提高了 CO_2 的吸附容量。不同比例的 Ti/Li/Al – LDOs/xAC$_{600}$ 的 CO_2 吸附性能从大到小为：$Ti_1Li_3Al_4$ – LDOs/3AC$_{600}$ > $Ti_1Li_3Al_4$ – LDOs/2AC$_{600}$ > $Ti_1Li_3Al_4$ – LDOs/AC$_{600}$ > $Ti_1Li_3Al_4$ – LDOs/4AC$_{600}$。可见，通过调节复合材料中 x 的大小和焙烧温度，调控其结构、表面化学性质及官能团的变化，从而达到其 CO_2 的吸附性能的改变。

(4)复合材料 $Ti_1Li_3Al_2$ – LDOs/xAC 比 $Ti_1Li_3Al_2$ – LDOs 的光催化活性更好，CH_4产率更高。这是由于：一方面，AC 的负载可以提高类水滑石的分散性，减小其晶粒尺寸，增大催化剂与 CO_2 的接触面，使 Ti/Li/Al – LDOs 通过光催化激发后产生的光生电子与 H_2O 和 CO_2 充分地碰撞和结合，产生·OH 和·CO 两种中间态物质，提高光催化反应速率；另一方面，由于 AC 较强的吸附性能，改变光催化过程中间产物的分布，有效抑制了催化剂表面水分子等竞争吸附的失活因素，为光催化反应提供了高浓度的反应环境，提高了 CH_4产率。同时发现，$Ti_1Li_3Al_2$ – LDOs/xAC 比 $Ti_1Li_3Al_2$ – LDOs 的稳定性更好，这是由于反应物分子在光催化剂表面是以吸附态被还原，AC 的负载使中间产物可以继续被吸附并反应，使催化剂在较长时间内保持较高活性而不致失活，从而延长了光催化剂使用寿命，增强了其稳定性，即再生性能。

(5)在紫外光照条件下，复合材料体系中 $Ti_1Li_3Al_2$ – LDOs 的存在也提高了 AC 的吸附性能，延长了 AC 的吸附饱和时间，宏观上表现为增加了 AC 的平衡吸附量。这是由于 AC 较强的吸附性能使其逐渐成为吸附中心和光催化活性中心，此活性中心的存在及其表面的 CO_2 浓度逐渐趋于零的转化状态，使 AC 表面重新吸附的 CO_2 分子向活性中心扩散，形成孔内浓度差，在扩散作用持续进行时，导致 AC 中吸附位持续空出，从而实现 AC 的原位再生。因此，AC 与类水滑石之间不是简单地复合，而是多孔炭材料 – 纳米晶体半导体的协同效应。

第7章 密度泛函理论研究

随着物理、化学研究理论和方法的不断发展,及其与计算机软件的结合,新的一门学科逐渐被越来越多的研究者们所接受——“理论化学”。理论化学主要以计算机或服务器为载体,结合量子化学、反应动力学、统计理论等原理,运用计算机对材料的模型的构建、催化剂反应形态、物质结构的分析及过程模拟的计算等一些性质描述,达到对实际研究中缩短实验周期、降低运行成本、减少人力、物力、财力消耗的目的,为理论与实践之间搭建一座相互沟通的桥梁。近年来,人们对物质生活要求越来越高,各种新材料大量涌现,使材料科学发展迅速。随着材料学科及与其联系紧密的物理、化学、生物、医学等学科,交叉的现象越来越多,理论化学在其中的应用也越来越广泛。通过理论计算,可以预测试验中由于实验设备的局限或实验条件的苛刻而无法准确确定的项目,也可以对抽象的试验中难以描述的现象做出直观精确的表述。因此,理论化学这一前瞻性的作用是目前其他研究方法难以超越的,也是难以替代的。

密度泛函理论(Density Functional Theory)是一种通过量子力学来研究多电子体系结构的方法,用任意系统中的基态电子密度分布与电子排列一一对应这一特性为根据,将分子、原子和固体的物理性质采用电子密度函数 $\rho(r)$ 来描述,它属于理论化学中的一种,同时来源于第一性原理。20 世纪初,矩阵力学和波动力学方程的提出,标志着量子力学的正式建立,其主要通过薛定谔(Schrodinger)方程的求解来推算材料的结构与性质。电子结构之间相互作用非常复杂,假如通过简化方程来求解薛定谔方程,其可信值极低,直到 Kohn 和 Hohenberg 等提出了以电子密度来描述电子能量的方法,即密度泛函理论,才成功地克服了这种复杂性。1965 年,Kohn 和 Sham 合作,对 H - K 模型进行了创新性改进,提出了 Kohn - Sham(K - S)模型,该模型成功地将电子粒子间的作用关系转化为独立的模型,运用了密度泛函理论来解决实际问题。经过多年的发展,密度泛函理论被广泛地运用在了物理、化学、生物等各个领域,特别是在材料科学的应用中,其优点越来越被大家关注。

类水滑石材料是一类具有特殊结构的层状材料,特别是层板间阳离子具有的可调控性,阴离子具有的可交换性等特点,可以将具有不同催化能力的阳离子引入到层板上,改变其催化性能。可以用密度泛函理论来计算 LDHs 体系的成键状况、结构参数、电子密度以及分子间作用的电子性质。Wei 等采用簇模型[M

$(OH_2)_6]^{n+}$（M 为 Li^+、Mg^{2+}、Cu^{2+}、Al^{3+}、Ga^{3+} 等金属阳离子）为基础，通过混合密度泛函 B3LYP 方法研究了体系中的姜泰勒效应对结构参数的影响，并对镁铝水滑石周期性模型各体系的阳离子组成、排列方式以及簇模型的堆积方式等进行了分析，探究了体系的结构和性质。Zhan 等用密度泛函理论对三元水滑石（$Cu_xZn_{3-x}Al$ - LDHs）周期性模型各体系的结构参数、氢键、Mulliken 电荷布居、结合能等进行分析，研究了体系的畸变结构和稳定性，继而又将不同的三价中心离子掺杂进 $CuMg_2Al$ - LDHs 中，形成 $CuMg_2M$ - LDHs。利用密度泛函理论研究体系的畸变情况和结构稳定性的影响规律。

基于密度泛函理论在材料的结构和性质中的广泛应用，本章为进一步研究所制备的新型类水滑石和复合材料的结构和性质之间的关系，故采用 MS 软件，运用密度泛函理论，从材料的基本结构入手，分析影响材料对 CO_2 吸附和光催化活性的关键因素，建立理论与实验相结合的研究方法。

7.1 Materials Studio 软件简介与计算方法

“Materials Studio”简称“MS”，是由美国 Accelrys 计算科学公司研制的材料科学分子模拟软件。此软件是为材料科学领域研究者开发的一款模拟软件，它可以用于化学、材料工业领域，使研究者们能更方便地建立三维结构模型，并对各种无定型、晶体及高分子材料的性质进行深入的研究。MS 采用了先进的模拟计算思想和方法，其中包括：X 射线衍射分析（XRD）、复杂的动力学模拟（Dissipative Particle Dynamics，DPD）、线性标度量子力学（QM）、量子力学（Quantum）、分子力学（Molecular Mechanics，MM）、介观动力学（Microscopic Dynamics，MesoDyn）、分子动力学（Molecular Dynamics，MD）、蒙特卡洛（Monte Carlo，MC）、定量结构活性关系（Quantitative Structure Activity Relationship，QSAR）等多种计算方法。

MS 集合了多种先进算法的综合应用，使它成为一个强有力的模拟工具。在构型优化、X 射线衍射分析和性质预测，量子力学计算和动力学模拟方面，都可以通过一些简单的操作来获得可靠的数据。MS 软件采用 Client - Server 结构。它的核心模块 Visualizer 运行于客户端 PC 上，浮动许可（Floating License）机制使用户将计算作业提交到网络上的任何一台服务器上，结果可以返回到客户端进行分析，进而最大限度地利用了网络资源。MS 模拟的内容包含聚合物、催化剂、晶体与衍射、固体及表面、化学反应等材料及化学研究领域方面。模拟的内容包括聚合物、催化剂、界面、晶体与衍射、固体及表面、化学反应等材料的主要方向。MS 分子模拟软件广泛地应用在石油、化工、能源、环境、电子、制药、航空航天、食品和汽车等工业领域和教育科研部门。

MS 软件整体可分为以下几类:

(1)基本环境:主要是基本参数的设定和任务的管理,为我们提供可视化界面,用于基本模型的搭建,这也是分析计算的第一步;

(2)量子力学:采用量子力学模拟各种晶体体系分子结构;

(3)分子动力学和分子力学:用于分子力学的模拟;

(4)X 射线衍射分析及晶体结构:用于晶体结构和性质的模拟;

(5)高分子介观模拟:主要用于高分子结构,描述高分子基本性质和参数等进行介观层次的模拟;

(6)定量性质 - 结构之间的关系:采用 QSAR 模型,建立性质与体系结构之间的定量关系。

可见,MS 的模块较多,对每一个模拟对象可选择不同的模块进行体系计算,完成不同的计算任务。本研究主要使用的 CASTEP[M]模块,它是先进的量子力学程序,应用于半导体、陶瓷、金属等多种材料。通过它可以研究:晶体材料的性质(金属、陶瓷、半导体、分子筛等)、表面化学、表面和表面重构的性质、电子结构(能带及态密度)、晶体的光学性质、扩展缺陷(晶粒间界、位错)、点缺陷性质及体系的三维电荷密度及波函数等。

7.2 Ti/Li/Al - LDHs 密度泛函理论的研究

7.2.1 $Ti_1Li_3A_4$ - LDHs 结构的搭建与优化

由本文 5.2 节中 XRD 的分析了解到不同金属原子比例的 Ti/Li/Al - LDHs 对类水滑石的结构影响较大。其中,当 Ti/Li/Al 物质的量之比为 1:3:4 时,$Ti_1Li_3Al_4$ - LDHs 的结晶度最佳,晶型结构最稳定,因此本文选用样品中 $Ti_1Li_3Al_4$ - LDHs 为模型,进行结构搭建和优化分析,以及能量和稳定性计算等。

图 7 - 1 为铝基类水滑石的原始模型结构图,由图 7 - 1 可知,在 Al - LDHs 结构中,采用 2H 的堆积模式构建了$[Al_8(OH)_{16}]2CO_3$基础模型。CO_3^{2-} 单元处于 Hcp - Al位并且平行地位于两层板的中间(俯视时,CO_3^{2-} 上的三个氧原子所形成的三角形位于层板铝原子的三个羟基氧所形成的内部)的构型为模型。本文在铝基类水滑石的原始模型结构基础上,采用原子替换的方式,构建 $Ti_1Li_3Al_4$ - LDHs 类水滑石结构:$[Li_3Al_4Ti(OH)_{16}]2CO_3$。

为了得到预测的具有特定计量比的水滑石的最低能量的结构，对搭建的结构进行了几何优化，并比较能量高低，从而确定具有最低能量的构型。基于图 7－1 铝基水滑石的模型中基本结构，采用 Ti 元素、Li 元素取代结构中的 Al，选取之前模拟过程中证实的适用于水滑石模型的参数进行计算，所有的计算均采用 MS 软件包中的 CASTEP 模块完成。结构优化采用 Broyden － Fletcher － Goldfarb － Shanno（BFGS）算法［N］，对原子位置和晶胞参数同时进行优化，能量的收敛标准为 5.0×10^{-6} eV/atom，力的收敛标准是每个原子上的力均小于 0.01 eV/Å，位移偏差是 5.0×10^{-4} Å，压力偏差是 0.02 GPa。交换相关泛函采用 LDA － CA － PZ，赝势采用 OTFG 形式的超软赝势，电子最小化方法通过 Pulay 密度混合法（Density Mixing），自洽场计算的误差是 5×10^{-7} eV/atom，动能截断为 630 eV，布里渊区 k 矢量的选取为 5×5×2。整体电荷数为 0，同时对层间弱相互作用如范德华力进行矫正。

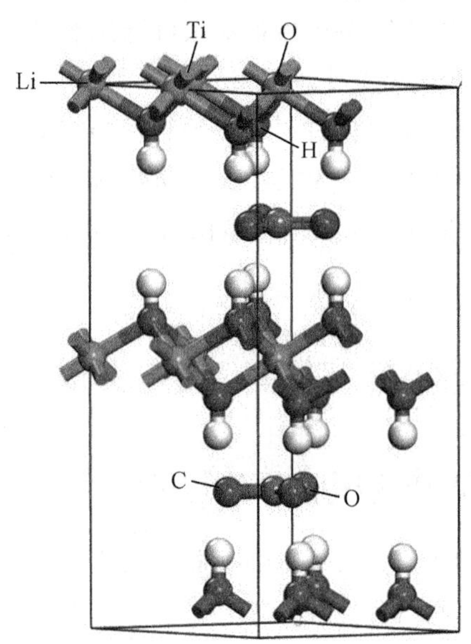

图 7－1　铝基水滑石的模型

通过计算结果表明，在所有［$Li_3Al_4Ti(OH)_{16}$］$2CO_3$ 的结构模型中，当 Al 原子在晶胞中心，Ti 和 Li 原子为与晶胞顶点时，这三种结构模型的能量相对较低。这与已有的研究结论一致，当二价阳离子 Cu^{2+}、Zn^{2+} 取代 Mg^{2+} 进入 LDHs 层板间时，Cu 在晶胞顶点，Al 在晶胞中心结构相对稳定的结论一致。图 7－2 为三种相对稳定的 $Ti_1Li_3Al_4$ － LDHs 结构图，图 7－2（a）～（c）分别命名为 $Ti_1Li_3Al_4$ － LDHs －（Ⅰ）、$Ti_1Li_3Al_4$ － LDHs －（Ⅱ）、$Ti_1Li_3Al_4$ － LDHs －（Ⅲ）。

对于特定材料，在给定压强和温度的条件下，结构的吉布斯自由能越小则越稳定（能量最小原理）。因此，对以上三种结构进行优化，表7－1为优化后得到的三种结构的能量。通过总能量的对比，得出 $Ti_1Li_3Al_4$－LHs－（Ⅰ）结构能量最低，说明此结构在零压下是最稳定的[220]。

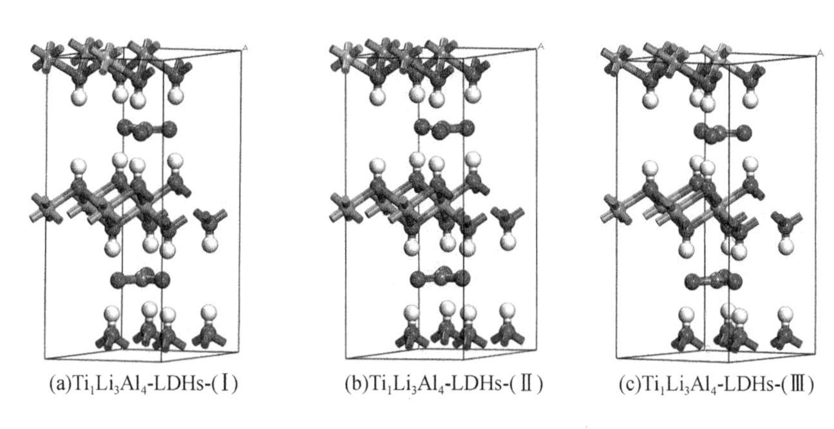

图7－2　三种相对稳定的 $Ti_1Li_3Al_4$－LDHs 结构图

表7－1　优化得到的三种结构的能量

结构名称	总能量/eV
$Ti_1Li_3Al_4$－LHs－（Ⅰ）	－12 915.762
$Ti_1Li_3Al_4$－LDHs－（Ⅱ）	－12 915.302
$Ti_1Li_3Al_4$－LDHs－（Ⅲ）	－12 915.313

图7－3为 $Ti_1Li_3Al_4$－LDHs－（Ⅰ）优化后的结构图。从图7－3中可以看出，在类水滑石中心的Al原子骨架层基本维持初始的结构，位于晶胞顶点层的Ti、Al层原子移动程度明显高于Al层原子，导致Ti、Al层原子出现一定程度的无序，即晶胞结构产生一定的变形。

这与XRD的分析结果一致，当电荷量小的Li原子取代Mg、Al等原子进入LDHs层板间时，会导致其层间电荷密度分布不均，从而使晶体结构产生形变。同时发现，由于晶胞顶层阳离子和中间层阳离子的电荷分布差异，导致阴离子层 CO_3^{2-} 单元与其紧邻的两层结构吸引力作用的差异，C原子向Ti、Li阳离子层偏移，而O原子向中间Al阳离子层偏移，使 CO_3^{2-} 单元结构出现一定的弯折。

图7－4为 $Ti_1Li_3Al_4$－LDHs－（Ⅰ）结构中的氢键示意图。氢键是一种特殊的分子间或分子内作用，是一种广泛存在的分子间弱作用力，会对水滑石的微观结构

及稳定性造成一定程度的影响，其键长、键角和方向性等各个方面都可以在相当大的范围内变化，具有一定的适应性和灵活性。一般情况下，氢键的数目越多，键长越短，键角越接近 180°，氢键的强度越强。有研究表明，氢键的存在可以增强吸附剂对 CO_2 的吸附性能。

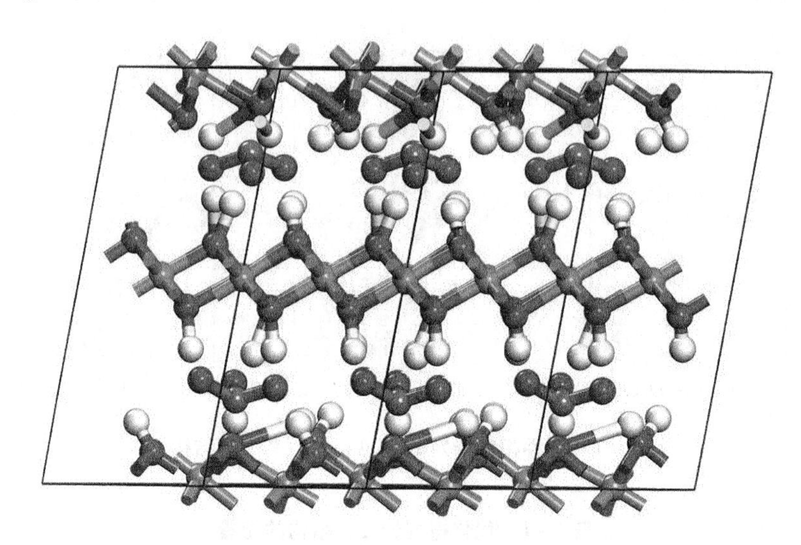

图 7-3 优化后的 $Ti_1Li_3Al_4$-LDHs-（Ⅰ）结构图

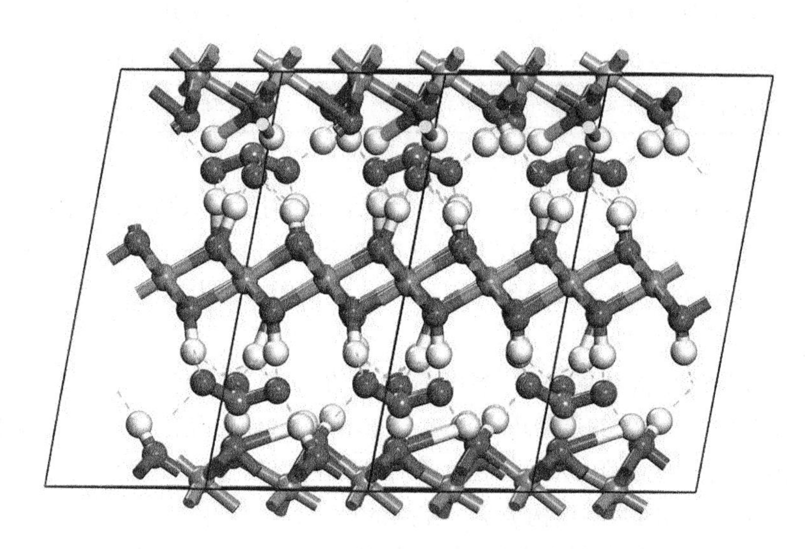

图 7-4 $Ti_1Li_3Al_4$-LDHs-（Ⅰ）结构中的氢键示意图

从图7-4中发现,$Ti_1Li_3Al_4$-LDHs-(Ⅰ)结构中大量存在着一种类型的H键,即层板上的-OH与CO_3^{2-}上的氧原子形成的氢键,记作O—H…O,这与5.2节中$Ti_1Li_3Al_4$-LDHs的FT-IR的分析结论吻合。由于LDHs中大量氢键的存在,推测将有利于类水滑石材料对CO_2的吸附。另一方面,在对Ti/Li/Al-LDHs进行热处理时,当焙烧温度在180~300℃时,类水滑石层板间的H键和CO_3^{2-}发生缩聚反应,大量脱水,层板结构开始被破坏、分解并形成孔道结构;同时,OH^-的脱除可以使金属离子的外部结构由八面体向等同四面体转变,也将利于提高材料的CO_2吸附性能。由此$Ti_1Li_3Al_4$-LDHs-(Ⅰ)结构模型可见,在300℃焙烧后,Ti/Li/Al-LDHs对CO_2的吸附性能最好。

7.2.2　$Ti_1Li_3Al_4$-LDHs-(Ⅰ)稳定结构的电子结构研究

图7-5为$Ti_1Li_3Al_4$-LDHs-(Ⅰ)能带结构的布里渊区k点取样路径。为了研究Ti/Li/Al-LDHs的结构与光催化性能之间的关系,了解Ti、Li原子取代Al原子后引起的电子结构变化,我们计算了$Ti_1Li_3Al_4$-LDHs-(Ⅰ)的能带结构。

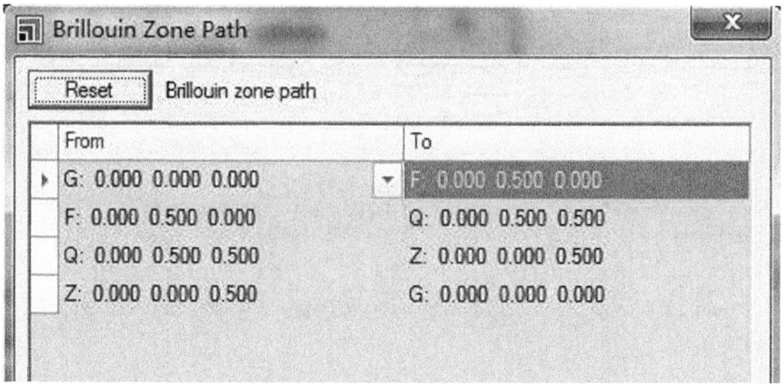

Brillouin Zone Path

Reset　Brillouin zone path

From	To
G: 0.000 0.000 0.000	F: 0.000 0.500 0.000
F: 0.000 0.500 0.000	Q: 0.000 0.500 0.500
Q: 0.000 0.500 0.500	Z: 0.000 0.000 0.500
Z: 0.000 0.000 0.500	G: 0.000 0.000 0.000

图7-5　$Ti_1Li_3Al_4$-LDHs-(Ⅰ)能带结构的布里渊区k点取样路径

图7-6为计算后得到的$Ti_1Li_3Al_4$-LDHs-(Ⅰ)能带结构图。从图7-6中可以看出,价带顶和导带底之间的能量差为3.50 eV左右,为典型的半导体带隙,且Ti、Li原子取代Al原子后引起了晶体内部电子结构变化,带隙能变窄。本文将在后面章节利用UV-vis漫反射吸收光谱对所制备的$Ti_1Li_3Al_4$-LDHs的能带结构进行检测分析,比较实际材料与模拟结构的禁带宽度。

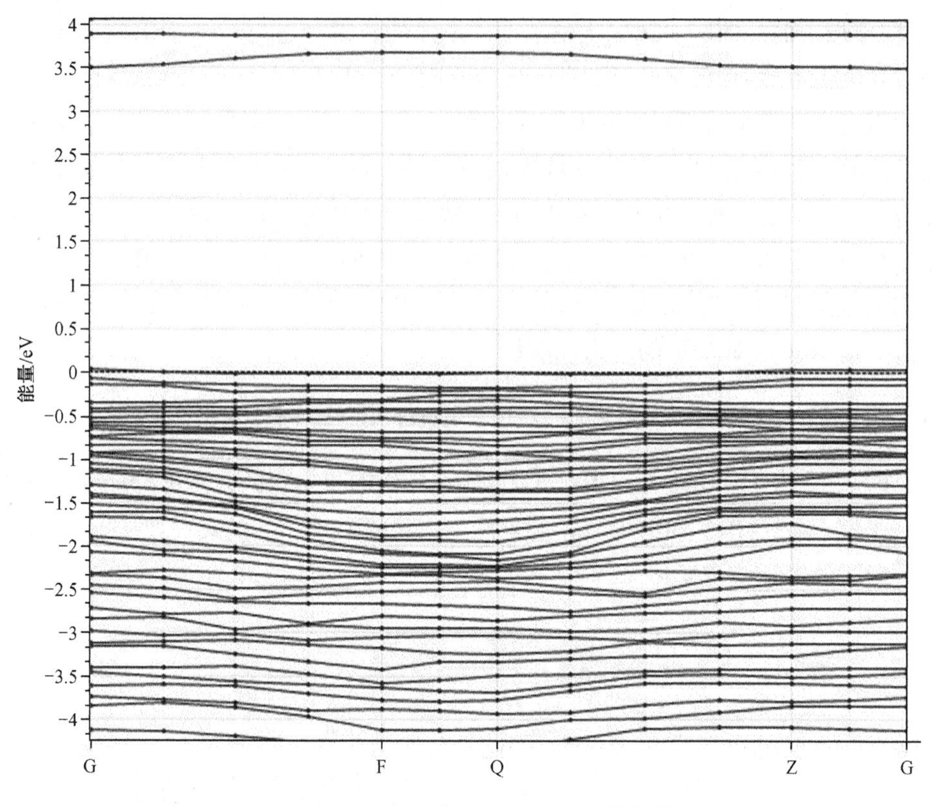

图 7-6　$Ti_1Li_3Al_4$-LDHs-(Ⅰ)能带结构图

7.3　复合材料密度泛函理论的研究

7.3.1　复合材料结构的搭建与优化

通过第三章中复合材料的 XRD、FT-IR 的结构表征及分析表明，$Ti_1Li_3Al_4$-LDHs/xDC 中 DC 已进入类水滑石 $Ti_1Li_3Al_4$-LDHs 晶胞内部，使 $Ti_1Li_3Al_4$-LDHs 晶胞进一步产生形变，DC 与类水滑石之间不是简单的复合，而是存在协同效应，在复合材料中产生了新的化学键 Ti—O—C 键，从而对后续二氧化碳的吸附和光催化转化反应产生影响。为此，我们在能量最低的 $Ti_1Li_3Al_4$-LDHs-(Ⅰ)结构模型的基础上，采用原子替换的方式(此处假设有一个 C 原子进入晶胞内部)，将与 Ti、Al 原子层相连的 -OH 中的 H 替换为 C，即形成新的 Ti—O—C 键。

图 7-7 为原子替换后产生的两种不同的复合材料取代模型，其中图 7-7(a)

和(b)分别命名为 $Ti_1Li_3Al_4$ - LDHs/xDC -（Ⅰ）和 $Ti_1Li_3Al_4$ - LDHs/xDC -（Ⅱ）。对搭建的两种复合材料的结构进行了几何优化,并比较能量高低,确定具有最低能量的构型,选定能稳定存在的最佳结构,从而预测碳原子进入类水滑石晶胞内部后可能的结构模型。

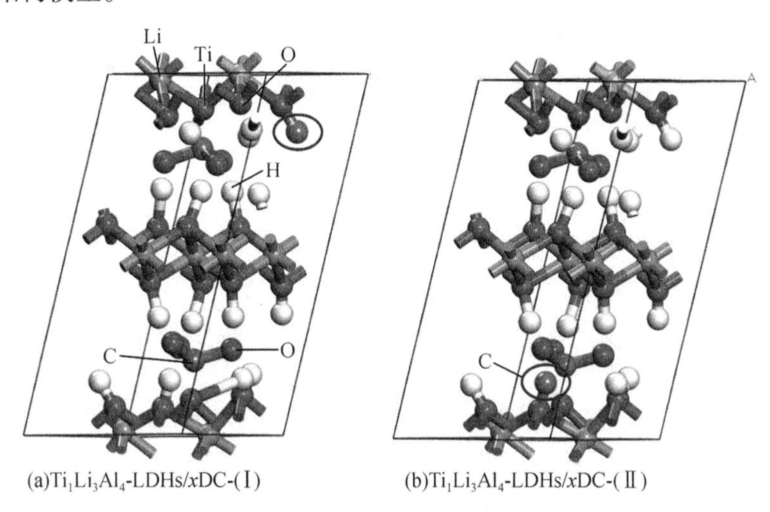

图7-7　$Ti_1Li_3Al_4$ - LDHs/xDC 结构模型

此处所有的计算均采用 Materials Studio 软件包中的 CASTEP 模块计算完成。结构优化使用 Broyden - Fletcher - Goldfarb - Shanno(BFGS)算法,对原子位置和晶胞参数同时进行优化,能量的收敛标准为 5.0×10^{-6} eV/atom,力的收敛标准为每个原子上的力小于0.01 eV/Å,位移偏差为 5.0×10^{-4} Å,压力偏差为0.02 GPa。交换相关泛函采用 LDA - CA - PZ,赝势采用 OTFG 形式的超软赝势,电子最小化方法采用 Pulay 密度混合法(Density Mixing),自洽场计算的误差为 5×10^{-7} eV/atom,动能截断为630 eV,布里渊区 k 矢量的选取为 $5\times5\times2$。整体电荷数为0,同时对层间弱相互作用如范德华力进行矫正。

表7-2为两种复合材料结构模型优化后得到的能量。通过表7-2中总能量的对比,可以看出 $Ti_1Li_3Al_4$ - LDHs/xDC -（Ⅰ）的结构能量最低,说明此结构在零压下是最稳定的。通过与表7-1中 $Ti_1Li_3Al_4$ - LDHs -（Ⅰ）的结构能量相比,我们发现 $Ti_1Li_3Al_4$ - LDHs/xDC -（Ⅰ）的能量低于 $Ti_1Li_3Al_4$ - LDHs -（Ⅰ）。因此,可以说 DC 的存在增强了 Ti/Li/Al - LDHs 的稳定性。

图7-8为图7-7(a)中 $Ti_1Li_3Al_4$ - LDHs/xDC -（Ⅰ）结构优化后的模型。对比图7-3中结构优化后的类水滑石 $Ti_1Li_3Al_4$ - LDHs -（Ⅰ）的结构模型,发现 C

原子进入 $Ti_1Li_3Al_4$ - LDHs -（Ⅰ）晶胞前的晶胞参数为 a =5.634Å，b =5.681Å，c =12.783Å，取代后的 $Ti_1Li_3Al_4$ - LDHs/xDC -（Ⅰ）的晶胞参数为 a =5.741Å，b = 5.749Å，c = 13.330Å。由此可见，复合材料结构中，C 原子取代 H 原子后，使类水滑石晶胞尺寸改变，晶格变形，这与我们第三章中的分析结论一致。

表 7-2 优化得到的两种复合材料结构的能量

结构名称	总能量/eV
$Ti_1Li_3Al_4$ - LDHs/xDC -（Ⅰ）	-13 053.349
$Ti_1Li_3Al_4$ - LDHs/xDC -（Ⅱ）	-13 053.100

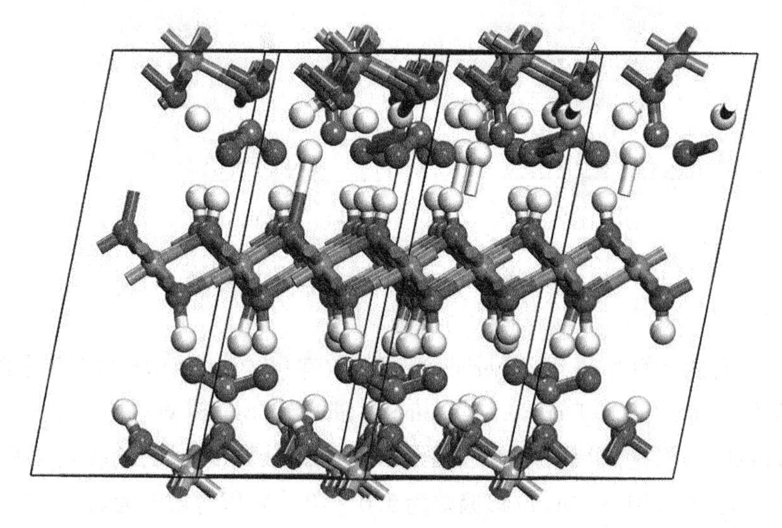

图 7-8 优化后的 $Ti_1Li_3Al_4$ - LDHs/xDC -（Ⅰ）结构模型

从图 7-8 中，我们还发现，Ti—O—C 键的产生对于中间的 Al—O—H 阳离子层而言，虽然中间的 Al 原子骨架层基本维持初始的结构，但受到上层阳离子层取代后的 C 原子的吸引作用，骨架层中 Al—O—H 中 H 离子被向上拉伸，导致 O—H 键被拉伸，化学键产生变化，甚至有的 H 离子已经脱离 Al—O—H 键，成为游离状态。因此，我们可以认为 C 原子进入 $Ti_1Li_3Al_4$ - LDHs -（Ⅰ）晶胞后，产生 H 缺位，造成晶格缺陷，有利于提高材料的光催化活性。

图 7-9 为复合材料 $Ti_1Li_3Al_4$ - LDHs/xDC -（Ⅰ）中 O—H 键间的电子云分布等值面图。分析计算得到，O—H 键由 C 取代前的 1.317Å 变为取代后的 2.519Å，这说明复合材料中，O—H 键已变弱。同时，由图 7-9 进一步分析发现，图中有些

氧原子和氢原子之间已无电子云的重叠,从而说明此时有 O—H 化学键发生断裂(与图 7 - 8 中结论一致),断裂后的 H 与取代的 C 原子形成新的化学键,且键长为 1.118 Å。

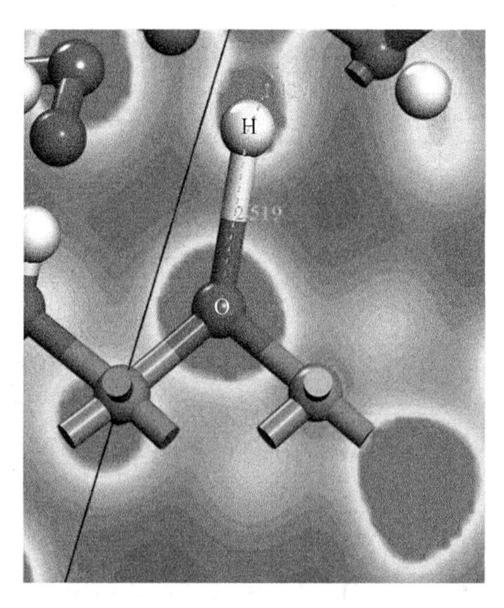

图 7 - 9　$Ti_1Li_3Al_4$ - LDHs/*x*DC - (Ⅰ) 中 O—H 键间的电子云分布等值面图

7.3.2　$Ti_1Li_3Al_4$ - LDHs - (Ⅰ) 稳定结构的电子结构研究

为了研究复合材料中的结构与光催化性能之间的关系,了解 C 原子进入类水滑石晶胞后引起的电子结构变化,我们计算了 $Ti_1Li_3Al_4$ - LDHs/*x*DC - (Ⅰ) 结构的能带结构。计算能带结构采用的布里渊区 k 点取样路径与 $Ti_1Li_3Al_4$ - LDHs - (Ⅰ) 一样,见图 7 - 5。

图 7 - 10 为 $Ti_1Li_3Al_4$ - LDHs/*x*DC - (Ⅰ) 的能带结构图。从图 7 - 10 中可以看出,计算得到的价带顶和导带底之间的带隙为 3.47 eV 左右。对比图 7 - 6 中 $Ti_1Li_3Al_4$ - LDHs - (Ⅰ) 的能量差(即禁带宽度),发现 C 原子个数为 1 时,对类水滑石材料的带隙能影响不大,略有减小。在后期的研究中,将通过 UV - vis 漫反射吸收光谱对所制备的复合材料的能带结构进行检测分析,比较 DC 负载前后 Ti/Li/Al - LDHs 能带结构的变化,进一步确定 C 原子进入类水滑石材料晶胞后产生的一系列影响。

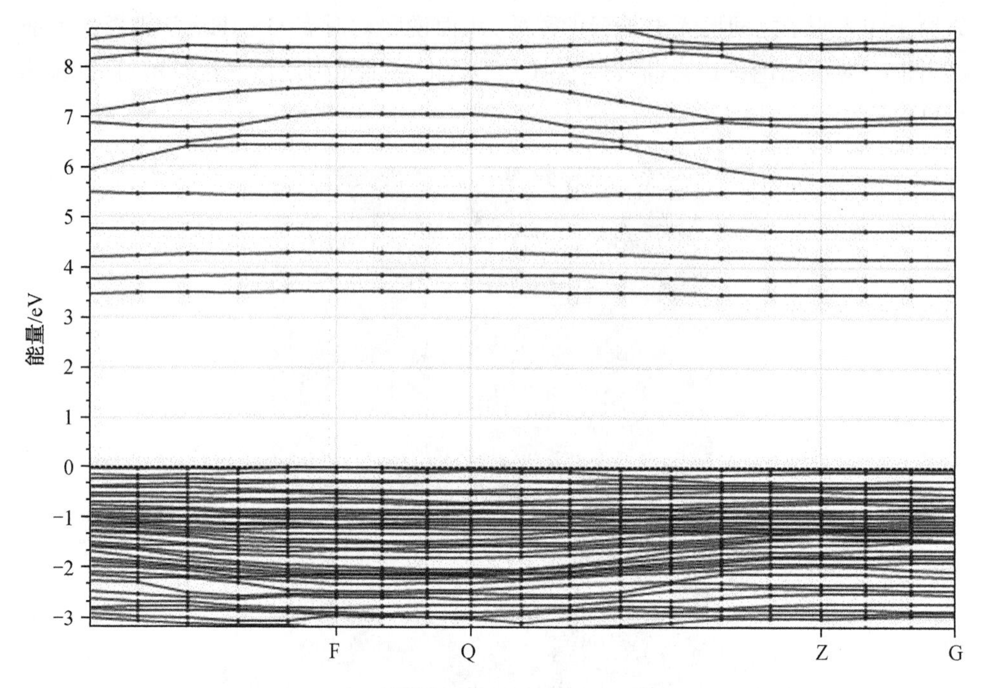

图7－10　$Ti_1Li_3Al_4$－LDHs/*x*DC－（Ⅰ）的能带结构图

7.4　小　　结

本章采用 Materials Studio 软件包中的 Visualizer 和 Castep 模块，对 $Ti_1Li_3Al_4$－LDHs 和 $Ti_1Li_3Al_4$－LDHs/DC 进行了密度泛函分析，具体结论如下。

（1）构建了新型类水滑石材料 $Ti_1Li_3Al_4$－LDHs 三种模型，发现 Li^+ 和 Ti^{4+} 对 Mg^{2+} 和 Al^{3+} 的取代，导致 LDHs 层板间阳离子电荷密度不均匀分布，与传统的 Mg/Al－LDHs 相比，晶胞结构产生形变。同时发现，$Ti_1Li_3Al_4$－LDHs－（Ⅰ）的结构模型中存在大量的氢键，有利于对 CO_2 的吸附。对 $Ti_1Li_3Al_4$－LDHs－（Ⅰ）进一步结构优化和带隙能进行计算，发现 $Ti_1Li_3Al_4$－LDHs 为较好的半导体材料，其带隙能 E_g 为 3.5 eV 左右。

（2）基于最稳定结构，对 $Ti_1Li_3Al_4$－LDHs－（Ⅰ）进行 C 掺杂模拟计算。结果表明，$Ti_1Li_3Al_4$－LDHs/DC 复合材料中 C 掺杂有两种可能结构，分别为 $Ti_1Li_3Al_4$－LDHs/*x*DC－（Ⅰ）和 $Ti_1Li_3Al_4$－LDHs/*x*DC－（Ⅱ）。C 掺杂 $Ti_1Li_3Al_4$－LDHs 晶体结构稳定性增强，结对称性变差，晶胞变形，且产生 H 缺位的晶胞结构，造成晶格缺陷，其带隙能 E_g 为 3.47 eV 左右。

第8章　结　　论

本书总结了近年来二氧化碳的吸附、转化技术，设计合成了一系列功能性的新型类水滑石。并通过量子力学模拟和密度泛函计算，研究揭示了具有 CO_2 吸附容量大、光催化反应活性高和再生性能好等新型复合材料的组成结构、晶体结构和表面结构特征。试图建立材料和功能结构之间的新型构效关系，主要结论如下。

(1)探讨了 CO_2 的吸附转化及催化转化的研究进展，对目前的技术进行总结分析发现，CO_2 光催化转化技术是目前发展绿色能源最有前景的技术之一。而其发展的关键和瓶颈是催化剂的制备问题。

(2)LDHs 具有独特的层状结构、物化特性及酸碱性等，可以作为酸碱性催化剂、氧化还原催化剂及催化剂载体等，用于多种催化反应中。本文采用共沉淀法制备了 Zn/Mg/Al - CO_3 - LDHs 及总腐酸(HAs)部分插层型 Zn/Mg/Al - HAs - LDHs。通过实验证明，LDHs 的吸热分解过程中也能够吸收煤低温氧化阶段放出的热量，并生成 CO_2、H_2O 等气体，从而使煤温升高的速率有所减缓；在煤自燃过程中，LDHs 与煤进行复配后，复配物 SL - LDHs 能够形成严密的阻隔层，防止煤进一步的氧化反应，从而起到一定抑制煤自燃的作用。同时证明，类水滑石材料作为固体粉末状阻化剂对煤自燃阻化效果整体较好，具有良好应用前景。

(3)采用共沉淀法可以制备 Cu/Fe/Al - LDHs 类水滑石材料，Cu/Fe/Al - LDHs 结晶度随着 Cu^{2+} 含量的增加而下降，晶体稳定性降低，Jahn - Teller 效应增强。实验表明，CO_2 和水蒸气在 Cu/Fe/Al - LDHs 上经光催化还原反应可得到 CH_4 等产物；Cu/Fe/Al - LDHs 经焙烧后生成的混合氧化物光催化活性更好，CH_4 产率最高。通过类水滑石材料进行光催化还原二氧化碳实验，与前期的理论相结合，证明通过改变类水滑石中的阴阳离子，可以制备新型的功能材料，且在二氧化碳的研究中将会有新的突破。

(4)制备了新型类水滑石 Ti/Li/Al - LDHs 及其复合材料 Ti/Li/Al - LDHs/xDC。采用 AAS、XRD、SEM、TG - DTG、FT - IR 等方法对其结构和性能进行表征，探讨了反应条件变化对 Ti/Li/Al - LDHs 及其碳复合材料的结构、形貌的影响。发现随着 DC 含量的增加，复合材料的结晶度下降，C 原子进入到晶格内部，导致类水滑石晶体结构发生畸变；同时在 DC 和类水滑石界面处有 Ti—O—C 键生成。同时发现焙烧温度为 700 ℃时，$Ti_1Li_3Al_2$ - $LDOs_{700}$ 由类水滑石向尖晶石结构转变，形成 $Li_4Ti_5O_{12}$、Al_2TiO_5 等高活性氧缺位混合氧化物，此时禁带宽度变窄，半导体带隙为

2.90 eV 左右。对 $Ti_1Li_3Al_2$ - LDHs/*x*DC 在不同温度条件下进行热处理制备了 $Ti_1Li_3Al_2$ - LDOs/*x*AC,发现 AC 的负载可以提高 $Ti_1Li_3Al_2$ - LDOs 的分散性,减小其晶粒尺寸。

(5)考察了 Ti/Li/Al - LDHs 和 Ti/Li/Al - LDHs/*x*DC 的 CO_2 吸附性能。发现 $Ti_1Li_3Al_2$ - LDHs 的 CO_2 吸附量最大,达到 39.30 mg/g;且焙烧温度为 300 ℃时,$Ti_1Li_3Al_2$ - $LDOs_{300}$的 CO_2 吸附量最高,可以达到 53.5 mg/g。$Ti_1Li_3Al_2$ - $LDOs_{300}$中 OH^-、CO_3^{2-} 的脱除增加其比表面积和孔容,总孔为 0.522 cm^3/g,微孔孔容为 0.008 cm^3/g,均为 Ti/Li/Al - LDOs 中的最大值。焙烧温度为600 ℃时,Ti/Li/Al - LDOs/*x*AC_{600}的 CO_2 吸附性能最好,这是因为 Ti/Li/Al - LDOs/*x*AC_{600}中 600 ℃焙烧后的 AC,其比表面积和孔容对比其他温度焙烧的 AC 均为最大值,且孔结构分布以微孔和中孔为主,为 CO_2 的吸附和扩散提供有利条件。不同比例的 Ti/Li/Al - LDOs/*x*AC_{600}中金属离子比例对 CO_2 吸附性能影响作用从大到小顺序为:$Ti_1Li_3Al_4$ - LDOs/3AC_{600} > $Ti_1Li_3Al_4$ - LDOs/2AC_{600} > $Ti_1Li_3Al_4$ - LDOs/AC_{600} > $Ti_1Li_3Al_4$ - LDOs/4AC_{600}。说明,当 $x=3$ 时,两种材料的复合比例最佳。

(6)在固定床反应器上,研究了金属离子比例变化对 Ti/Li/Al - LDHs 的光催化还原 CO_2 制 CH_4的反应活性的影响。发现 $Ti_1Li_3Al_2$ - LDHs 作为光催化剂时,CH_4产率对比其他比例的 Ti/Li/Al - LDHs 较高,可以达到 1.33 mmol/g,$Ti_1Li_3Al_2$ - LDHs 的半导体带隙为 3.10 eV 左右。焙烧温度对 $Ti_1Li_3Al_2$ - LDHs 的结构和光催化活性有较大影响,$Ti_1Li_3Al_2$ - $LDOs_{700}$的 CH_4产率最高,可以达到 1.59 $mmol/g^{-1}$。焙烧后 $Ti_1Li_3Al_2$ - $LDOs_{700}$的半导体带隙进一步减小到 2.90 eV 左右,这是因为焙烧后,$Ti_1Li_3Al_2$ - LDHs 逐渐由水滑石晶体向尖晶石晶体结构转变,形成高活性氧缺位的 $Li_4Ti_5O_{12}$、Al_2TiO_5等混合氧化物,提高了 CO_2 光催化还原制 CH_4的光催化活性。

(7)对 $Ti_1Li_3Al_2$ - LDHs(LDOs)/*x*DC(AC)样品进行 CO_2 光催化性能进行考察。结果表明,$Ti_1Li_3Al_2$ - LDHs(LDOs)经炭负载后,光催化活性高提高,CH_4产率更高;$Ti_1Li_3Al_2$ - LDOs 的复合也提高了 AC 的吸附性能,延长了 AC 的吸附饱和时间,宏观上表现为增加了 AC 的平衡吸附量。这是因为 AC 与 LDHs 两种材料之间不是简单的复合,而是多孔炭材料 - 纳米晶体半导体的协同效应。DC(AC)的负载可以提高类水滑石的分散性,减小其晶粒尺寸,增大催化剂与 CO_2 的接触面。同时,由于 DC(AC)对 CO_2 的吸附浓缩作用,提高了光催化反应的速率。

(8)采用 Materials Studio 材料科学分子模拟软件,以及密度泛函计算方法,构建了 $Ti_1Li_3Al_4$ - LDHs 类水滑石的三种结构模型。结果发现,与传统的 Mg/Al - LDHs 相比,$Ti_1Li_3Al_4$ - LDHs 层板间阳离子电荷密度不均匀分布,晶胞结构产生形变;且 $Ti_1Li_3Al_4$ - LDHs 的结构中存在大量的氢键,有利于 CO_2 的吸附。通过结构优化和带隙能计算,发现 $Ti_1Li_3Al_4$ - LDHs -（Ⅰ）的带隙能 E_g 为 3.5 eV 左右,是较好的半导体材料,基于最稳定结构,对 $Ti_1Li_3Al_4$ - LDHs -（Ⅰ）进行 C 掺杂模拟计算。结果表明,$Ti_1Li_3Al_4$ - LDHs/DC 复合材料中 C 掺杂有两种可能结构,C 掺杂 $Ti_1Li_3Al_4$ - LDHs 晶体结构稳定性增强,结构对称性变差,晶胞变形,且产生 H 缺位的晶胞结构,造成晶格缺陷,其带隙能 E_g 为 3.47 eV 左右,与 $Ti_1Li_3Al_4$ - LDHs 基本一致。

由此可见,Ti/Li/Al - LDHs(LDOs)和 Ti/Li/Al - LDHs(LDOs)/xDC(AC)复合材料的结构对其 CO_2 吸附、光催化性能有着重要影响,通过催化剂的结构与性能构效关系的建立,揭示了催化剂的结构与性能之间的调变规律,为提高材料的吸附和光催化活性提供了新的研究思路和理论基础。

第9章　研究展望

本书提出了一条 CO_2 吸附—光催化转化—原位再生的绿色能源研究思路，制备一种具有 CO_2 吸附、光催化转化双功能型的类水滑石 Ti/Li/Al - LDHs，并在此基础上制备了新型碳基复合材料 Ti/Li/Al - LDOs/xAC，为 CO_2 的捕集、利用研究提供一种新方法。

考察了其结构与 CO_2 吸附、光催化性能的构效关系，发现 AC 的存在对类水滑石的 CO_2 吸附量、CH_4产率、稳定性均具有较大程度的提高。采用 Materials Studio 量子力学和密度泛函计算方法，研究新材料的晶胞结构，进一步证实了新型类水滑石的半导体结构，及碳原子掺杂后晶格的改变使导电性和稳定性增强，从而建立类水滑石及其复合材料结构与性能的构效关系，研究其结构与性能的调变规律，为该类材料的应用提供理论指导。但同时也发现，在提高 CO_2 吸附量及 CH_4产率上仍存在较大空间，建议可以从以下几方面开展后续的研究工作。

(1)继续开发活性炭基 Ti/Li/Al - LDOs/AC 复合材料，可以选择不同比表面积、孔径结构及表面化学性质的 AC 进行负载，同时对复合材料进行贵金属或 N 掺杂的进一步改性，使复合材料向可见光区域移动。一方面，进一步提高 CO_2 转化率，另一方面，是使光源向可见光区红移，有望实现自然光源的 CO_2 光催化反应，实现其产业化应用。

(2)应进一步考察复合材料体系的结构、CO_2 吸附与光催化反应性随反应时间和温度改变的变化规律，研究该复合材料的寿命，进行定量分析计算，结合巨正则系综蒙特卡洛(GCMC)及分子动力学(MD)等方法，对复合材料与 CO_2 及其光催化产物的吸附和光催化分子动力学行为进行研究，为进一步改进材料的性能和材料的应用推广提供了理论支撑。

参 考 文 献

[1] GOEPPERT A, CZAUN M, PRAKASH G K S, et al. Air as the renewable carbon source of the future: an overview of CO_2 capture from the atmosphere[J]. Energy & Environmental Science, 2012, 5(7): 7833 - 7853.

[2] KARL T R, TRENBERTH K E. Modern global climate change[J]. Science. 2003, 302(5651): 1719 - 1723.

[3] WEAVER A J. Toward the Second Commitment Period of the Kyoto Protocol[J]. Science, 2011, 332(6031): 795 - 796.

[4] 何建坤. 中国能源革命与低碳发展的战略选择[J]. 武汉大学学报(哲学社会科学版), 2015, 68(01): 5 - 12.

[5] CLAESSENS M. A dead end in 30 years[J]. Magazine on European Research, 2003, 39: 30 - 34.

[6] MA J K, WANG J Y, WU S Y, et al. Study on CO_2 emissions situation and countermeasures in China[J]. Journal of Low Carbon Economy, 2013, 2(4): 137 - 143.

[7] 周绪忠. 干法吸附烟气中二氧化碳技术应用研究[D]. 贵阳: 贵州大学, 2016.

[8] MAEDA C, MIYAZAKIY, EMA T. Recent progress in catahytic conversions of carbon dioxide[J]. Catalysis Science & Technology, 2014, 4(b): 1482 - 1497.

[9] PLAZA M G, GONZALEZ A S, PIS J, et al. Production of microporous biochars by single - step oxidation: Effect of activation conditions on CO_2 capture[J]. Applied Energy, 2014, 114(2): 551 - 562.

[10] ZHANG W Z, LU X B. Synthesis of carboxylic acids and derivatives using CO_2 as carboxylative reagent[J]. Chinese Journal of catalysis, 2012, 33(5): 745 - 756.

[11] TAHIR M, AMIN N S. Recycling of carbon dioxide to renewable fuels by photocatalysis: Prospects and challenges[J]. Renewable and Sustainable Energy Reviews, 2013, 25(C): 560 - 579.

[12] LUNA F M T, SILVA JR I J, DE AZEVEDO D C S, et al. Carbon dioxide - nitrogen separation through adsorption on activated carbon in a fixed bed[J]. Chemical Engineering Journal, 2011, 169(1 - 3): 11 - 19.

[13] BESMA, TALBI. CO_2 emissions reduction in road transport sector in Tunisia[J].

Renewable and Sustainable Energy Reviews,2017,69:232 –238.

[14] BEN – MANSOUR R,HABIB M A,BAMIDELEamidele O E,et al. Carbon capture by physical adsorption: Materials, experimental investigations and numerical modeling and simulations – A review[J]. Applied Energy,2016,161:225 –255.

[15] 张中正. 二氧化碳的吸附分离[D]. 天津:天津大学,2012.

[16] DINCA C,SLAVU N,BADEA A. Benchmarking of the pre/post – combustion chemical absorption for the CO_2 capture[J]. Journal of the Energy Institute,2017: 445 –456.

[17] NWAOHA C,SUPAP T,IDEM R,et al. Advancement and new perspectives of using formulated reactive amine blends for post – combustion carbon dioxide (CO_2) capture technologies[J]. Petroleum,2017,3(1):10 –36.

[18] BENJAMIN P O,JINLIANG M,PRIYADARSHI M,et al. Miller Advanced Modeling and Control of a Solid Sorbent – Based CO_2 Capture Process[J]. IFAC – Papers On Line,2016,49(7):633 –638.

[19] MANSOUR R B,HABIB M A,BAMIDELE O E,et al. Carbon capture by physical adsorption: Materials, experimental investigations and numerical modeling and simulations – A review[J]. Applied Energy,2016,161:225 –255.

[20] 张卫东,张栋,田克忠. 碳吸附与封存技术的现状与未来[J]. 中外能源, 2009,11(14):7 –14.

[21] EVGENIA M,ADEKOLA L, ALFREDO R D,et al. Process control strategies for flexible operation of post – combustion CO_2 capture plants [J]. International Journal of Greenhouse Gas Control,2017,57:14 –25.

[22] 韩永嘉,王树立,张鹏宇,等. 二氧化碳分离吸附技术的研究现状与进展[C]. 二氧化碳减排控制技术与资源化利用研讨会,2009:14 –18.

[23] MEREY S,SINAYUC C. Analysis of carbon dioxide sequestration in shale gas reservoirs by using experimental adsorption data and adsorption models [J]. Journal of Natural Gas Science and Engineering,2016,36,Part A:1087 –1105.

[24] CHOI S,DRESE J H,JONES C W. Adsorbent materials for carbon dioxide capture from large anthropogenic point sources[J]. Chem Sus Chem,2009,2:796 –854.

[25] LIU J,WANG S,ZHAO B,et al. Absorption of carbon dioxide in aqueous ammonia [J]. Energy Procedia,2009,1(1):933 –940.

[26] OLIVARES – MARIN M,MAROTO – VALER M M. Development of adsorbents for CO_2 capture from waste materials: a review[J]. Greenhouse Gases: Science and Technology,2012,2(1):20 –35.

[27] USUBHARATANA P, MCMARTIN D, VEAWAB A, et al. Photocatalytic process for CO_2 emission reduction from industrial flue gas streams [J]. Industrial and Engineering Chemistry Research, 2006, 45: 2558 - 2568.

[28] HAN K, AHN C K, LEE M S, et al. Current Status and challenges of the ammonia - based CO_2 capture technologies toward commercialization [J]. International Journal of Green house Gas control, 2013, 14: 270 - 281.

[29] BAI C X, SHEN F, QI X H. Preparation of porous carbon directly from hydrothermal carbonization of fructose and phloroglucinol for adsorption of tetracycline[J]. 中国化学快报(英文版), 2017, 028(005): 960 - 962.

[30] RASHIDI S, ESFAHANI J A, RASHIDI A. A review on the applications of porous materials in solar energy systems [J]. Renewable and Sustainable Energy Reviews, 2017, 73: 1198 - 1210.

[31] HAWASH S I, FARAH J Y, EL - DIWANI G. Pyrolysis of Agriculture Wastes for Bio - oil and Char Production[J]. Journal of Analytical and Applied Pyrolysis, 2016: 124.

[32] FURIMSKY E. Gasification of oil sand coke: Review[J]. Fuel Process Technol, 1998, 56(3): 263 - 290.

[33] PLAZA M G, PEVIDA C, MAETIN C F, et al. Developing almond shell - derived activated carbons as CO_2 adsorbents[J]. Separation and purification technology, 2010, 71(1): 102 - 106.

[34] 解强, 姚鑫, 杨川, 等. 压块工艺条件下煤种对活性炭孔结构发育的影响[J]. 煤炭学报, 2015, 40(1): 196 - 202.

[35] LEE S H, LEE C D. Influence of pretreatment and activation conditions in the preparation of activated carbons from anthracite [J]. Koreanor Chemical Engineering progress, 2001, 18(1): 26 - 32.

[36] 王重庆, 刘晓勤, 等. 表面改性活性炭对 CO_2 的吸附性能[J]. 南京化工大学学报, 2000, 22(2): 63 - 65.

[37] WICKRAMARATNE N P, JARONIEC M. Importance of small micropores in CO_2 capture by phenolicresin - based activated carbon spheres[J], Journal of Materials Chemistry A, 2013, 1: 112 - 116.

[38] KLINIK J, GRZYBEK T. The influence of the addition of cobalt nickel, manganese and vanadium to active carbons on their efficiency in SO_2 removal from stack gases [J]. Fuel, 1992, 71(11): 1303 - 1308.

[39] ZHANG X Q, LI W C, LU A H. Designed porous carbon materials for efficient CO_2

adsorption and separation[J]. New Carbon Materials,2015,30(6):481 -501.

[40] TANG X, RIPEPI N. High pressure supercritical carbon dioxide adsorption in coal: Adsorption model and thermodynamic characteristics[J]. Journal of CO_2 Utilization,2017,18:189 - 197.

[41] 王会民,齐永红,刘彦婷. CO_2/CH_4 在活性炭上吸附与分离的分子模拟[J]. 应用化工,2010,39(9):1366 - 1369.

[42] KOTDAWALA R R, KAZANTZIS N, THOMPSON R W. Molecular simulation studies on the adsorption of mercuric chloride[J]. Environmental Chemistry, 2007,4(1):55 - 64.

[43] 孙文晶. 色散矫正密度泛函方法研究 CO_2 在非均质碳基材料表面吸附行为[J]. 山东化工,2015,44(6):137 - 140.

[44] MULGUNDMATH V, TEZEL F H. Optimisation of carbon dioxide recovery from flue gas in a TPSA system[J]. Adsorption - journal of the International Adsorption Society,2010,16(6):587 - 598.

[45] GOMES V G, YEE K W K. Pressure swing adsorption for carbon dioxide sequestration from exhaust gases[J]. Separation & Purification Technology,2002,28(2):161 - 171.

[46] HOUSE K Z, HARVEY C F, AZIZ M J. The energy penalty of post - combustion CO_2 capture & storage and its implications for retrofitting the U. S. installed base [J]. Energy & Environmental Science,2009,2(2):193 - 205.

[47] 庄亮亮,王万福,陈涛,等. 我国煤基电厂 CO_2 吸附技术发展的探讨[J]. 油气田环境保护,2014,24(3):63 - 66.

[48] SWAPNIL K, WARKHADE G S, GAIKWAD S P, et al. Low temperature synthesis of pure anatase carbon doped titanium dioxide: An efficient visible light active photocatalyst[J]. Materials Science in Semiconducter Processing,2017,63:18 - 24.

[49] POUGIN A, DILLA M, STRUNK J. Identification and exclusion of intermediates of photocatalytic CO_2 reduction on TiO_2 under conditions of highest purity[J]. Physical Chemistry Chemical Physics,2016,18(16):10809 - 10817.

[50] CHIARELLO G L, DOZZI M V, SELLI E. TiO_2 - based materials for photocatalytic hydrogen production[J]. Journal of Energy Chemistry,2017,26(2):250 - 258.

[51] SOHN Y K, HUANG W X, TAGHIPOUR F. Recent progress and perspectives in the photocatalytic CO_2 reduction of Ti - oxide - based nanomaterials[J]. Applied Surface Science,2017,396(28):1696 - 1711.

[52] FUJISHIMA A, HONDA K. Electrochemical photocatalysis of water at a semiconductor

electrode[J]. Nature,1972,238 (5358):37 -38.

[53] HALMANN M. Photoelectro chemical reduction of aqueous carbon dioxide on p - type gallium phosphide in liquid junction solar cells [J]. Nature, 1978, 275 (5676):115 -116.

[54] INOUE T, FUJISHIMA A, KONISHI S, et al. Photoelectro catalytic reduction of carbon dioxide in aqueous suspensions of semiconductor powders [J]. Nature, 1979,277(5698):637 -638.

[55] PETROV O, MOROZOV A, SHOKALSKY S, et al. Crustal structure and tectonic model of the Arctic region[J]. Earth - Science Reviews,2016,154:29 -71.

[56] PHAM T D, LEE B K. Novel capture and photocatalytic conversion of CO_2 into solar fuels by metals co - doped TiO_2 deposited on PU under visible light[J]. Applied Catalysis A:General,2017,529:40 -48.

[57] PARAYIL S K, RAZZAQ A, PARK S M, et al. In Photocatalytic conversion of CO_2 to hydrocarbon fuel using carbon and nitrogen co-doped sodium titanate nanotubes [J]. Applied Catalysis A:General,2015,498:205 -213.

[58] APARNA K A. Synthesis and Evaluation of TiO_2/chitosan based hydrogel for the adsorptional photocatalytic degradation of azo and anthraquinone dye under UV Light Irradiation[J]. Procedia Technology,2016,24:611 -618.

[59] LI N, SUN Z X, LIU R, et al. Enhanced power conversion efficiency in phthalocyanine - sensitized solar cells by modifying TiO_2 photoanode with polyoxometalate[J]. Solar Energy Materials Solar Cells,2016,157:853 -860.

[60] 杨来侠,任秀彬,刘旭. 人工光合作用研究现状[J]. 西安科技大学学报,2014, 34(1):1 -5.

[61] OLAH G A, GOEPPERT A, PRAKASHI G K S. Chemical recycling of carbon dioxide to methanol and dimethyl either from greenhouse gas to renewable, environmentally carbon neutral fuels and synthetic hydrocarbons [J]. Journal of Organic Chemistry,2009,74(2):487 -498.

[62] 霍菲菲. 网状镁铝复合氧化物合成及其在茶叶中农药残留分析检测的应用研究[D]. 北京:北京化工大学,2016.

[63] 陈天虎,樊明德,庆承松,等. 热处理 Mg/Al - LDH 结构演化和矿物纳米孔材料制备[J]. 岩石矿物学杂志,2005,24(6):522 -525.

[64] MARCHI A J, APESTEGUIA C R. Impregnation - induced memory effect of thermally activated layered double hydroxides [J]. Applied Clay Science, 1998,13(1):35 -48.

[65] TAKEHIRA K,SHISHIDO T,SHOURO D,et al. Novel and effective surface enrichment of active species in Ni - loaded catalyst prepared from Mg - Al hydrotalcite - type anionic clay[J]. Applied Catalysis,2005,279(1 -2):41 -51.

[66] 介万奇. 晶体生长原理与技术[M]. 北京:科学出版社,2010.

[67] XU W,WANG S,LI A. Synthesis of aminopropyltriethoxysilane grafted/tripolyphosphate intercalated Zn/Al - LDHs and its performance in the flame retardancy and smoke suppression of polyurethane elastomer[J]. Rsc Advances,2016,6(53):48189 -48198.

[68] HIGASHI K,SONODA K,ONO H. Synthesis and sintering of rare - earth - doped ceria powder by the oxalate coprecipitation method [J]. Journal of Materials Research,1999,14(3):957 -967.

[69] 戴思. 水滑石类固体碱催化剂的制备及应用[D]. 大连:大连理工大学,2014.

[70] 杨飘萍,宿美平,杨胥微,等. 尿素法合成高结晶度类水滑石[J]. 无机化学学报,2003,19(5):485 -490.

[71] BERBERA M R,HAFEZA I H,MINAGAWAA K. Uniform nanoparticles of hydrotalcite - like materials and their textural properties at optimized conditions of urea hydrothermal treatment [J]. Journal of Molecular Structure,2013,1033(5):104 -112.

[72] 郑晨. 层状双金属氢氧化物制备及形貌控制研究[D]. 北京:北京化工大学,2008.

[73] XU Z P,LU G Q. Hydrothermal synthesis of layered double hydroxides (LDH) from mixed MgO and $A1_2O_3$:LDH formation mechanism[J]. Chemical Material, 2005,17:1055 -1062.

[74] GERAUD E,PREVOT V,GHANBAJA J,et al. Macroscopically ordered hydrotalcite - type materials using self - assembled colloidal crystal template [J]. Chemical Material,2006,18:238 -240.

[75] MAIRKO A P,CLAUDE F,BESSE J P. Synthesis of Al - rich hydrotalcite - like compounds by using the urea hydrolysis reaction - control of size and morphology [J]. Journal of material chemistry,2003,13:1988 -1993.

[76] HE J X,LI B,EVANS D G,et al. Synthesis of layered double hydroxides in an emulsion solution[J]. Colloid Surface A,2004,251:191.

[77] SHEN Z Q,CHEN L,LIN L,et al. Synergistic Effect of Layered Nanofillers in Intumescent Flame - Retardant EPDM: Montmorillonite versus Layered Double Hydroxides[J]. Industrial & Engineering Chemistry Research,2013,52 (25): 8454 -8463.

[78] HUANG G B,FEI Z D,CHEN X Y,et al. Functionalization of layered double

hydroxides by intumescent flame retardant: Preparation, characterization, and application in ethylene vinyl acetate copolymer[J]. Applied Surface Science, 2012,258(24):10115 - 10122.

[79] GAO L P, ZHENG G Y, ZHOU Y H, et al. Synergistic effect of expandable graphite, melamine polyphosphate and layered double hydroxide on improving the fire behavior of rosin - based rigid polyurethane foam[J]. Industrial Crops and Products, 2013, 50:638 - 647.

[80] WANG L L, LI B, ZHANG X C, et al. Effect of intercalated anions on the performance of Ni - Al LDH nanofiller of ethylene vinyl acetate composites[J]. Applied Clay Science, 2012, 56:110 - 119.

[81] WANG L L, LI B, ZHANG X C, et al. Effect of nickel on the properties of composites composed of layered double hydroxides and ethylene vinyl acetate copolymer[J]. Applied Clay Science, 2013, 72:138 - 146.

[82] BECKER C M, DICK T A, WYPYCH F, et al. Synergetic effect of LDH and glass fiber on the properties of two - and three - component epoxy composites[J]. Polymer Testing, 2012, 31(6):741 - 747.

[83] NYAMBO C, CHEN D, SU S, et al. Variation of benzyl anions in MgAl - layered double hydroxides: Fire and thermal properties in PMMA[J]. Polymer Degradation and Stability, 2009(94):496 - 505.

[84] MANZI - NSHUTI C, WANG D, HOSSENLOPP J M, et al. The role of the trivalent metal in an LDH: Synthesis, characterization and fire properties of thermally stable PMMA/LDH systems[J]. Polymer Degradation and Stability, 2009(94):705 - 711.

[85] MANZI - NSHUTI C, SONGTIPYA P, MANIAS E, et al. Polymer nanocomposites using zinc aluminum and magnesium aluminum oleate layered double hydroxides: effect of LDH divalent metals on dispersion, thermal, mechanical and fire performance in various polymers[J]. Polymer, 2009(50):3564 - 3574.

[86] LI S, BAI Z M, ZHAO D. Characterization and friction performance of Zn/Mg/Al - CO_3 layered double hydroxides[J]. Applied Surface Science, 2013, 284(1):7 - 12.

[87] SAKR A E, ZAKI T, SABER O, et al. Synthesis of Zn - Al LDHs intercalated with urea derived anions for capturing carbon dioxide from natural gas[J]. Journal of the Taiwan Institute of Chemical Engineers, 2013, 44(6):957 - 962.

[88] AHMED A A A, TALIB Z A, HUSSEIN M Z. Synthesis and optimization of electric conductivity and thermal diffusivity of Zinc - Aluminum hydroxide (Zn - Al - NO_3 - LDH) prepared at different pH values[J]. Materials Today: Proceedings,

2016,32:130 - 144.

[89] HIBINO T,OHYA H. Synthesis of crystalline layered double hydroxides:Precipitation by using urea hydrolysis and subsequent hydrothermal reactions in aqueous solutions[J]. Applied Clay Science,2009,45(3):123 - 132.

[90] INAYAT A,KLUMPP M,SCHWIEGER W. The urea method for the direct synthesis of ZnAl layered double hydroxides with nitrate as the interlayer anion[J]. Applied Clay Science,2011,51(4):452 - 459.

[91] MAYRA G,TICHIT D,MEDINA F,et al. Role of the synthesis route on the properties of hybrid LDH - graphene as basic catalysts[J]. Applied Surface Science,2017,396:821 - 831.

[92] 冯健,郭瓦力,刘思乐,等. 碳酸钾修饰水滑石吸附二氧化碳工艺条件研究[J]. 离子交换与吸附,2012,28(1):70 - 77.

[93] 周春萍,张夏卿,姜哲,等. 氨基改性过程引入去离子水对层状双氢氧化物 CO_2 吸附性能的影响规律研究[J]. 功能材料,2014,45(22):22021 - 22025.

[94] ZHU Y P,LAIPAN M W,ZHU R L,et al. Enhanced photocatalytic activity of Zn/Ti - LDH via hybridizing with C60[J]. Journal of Molecular Catalysis A Chemical,2016:54 - 61.

[95] IGUCHI S,TERAMURA K,HOSOKAWA S,et al. Photocatalytic conversion of CO_2 in an aqueous solution using various kinds of layered double hydroxides[J]. Catalysis Today,2015,251:140 - 144.

[96] ZHAO H,XU J Y,LIU L J,et al. CO_2 photoreduction with water vapor by Ti - embedded MgAl layered double hydroxides[J]. Journal of CO_2 Utilization,2016,15:15 - 23.

[97] GUO Q S,ZHANG Q H,WANG H Z,er al. Core - shell structured ZnO@ Cu - Zn - Al layered double hydroxides with enhanced photocatalytic efficiency for CO_2 reduction[J]. Catalysis Communications,2016,77:118 - 122.

[98] 程化,雷秀清. 水滑石类热稳定剂在 PVC 中应用研究进展[J]. 广州化工,2011,39(13):21 - 23.

[99] HE S,AN Z,WEI M,et al. Layered double hydroxide - based catalysts:nanostructure design and catalytic performance[J]. Chemical Communications,2013,49:5912 - 5920.

[100] 黄宝晟. 纳米双羟基复合金属氧化物的制备及其在 PVC 中的应用性能研究[D]. 北京:北京化工大学,2001.

[101] SHI L,LI D Q,LI S F,et al. Structure,flame retarding and smoke suppressing

properties of Zn - Mg - Al - CO_3 layered double hydroxides[J]. Chinese Science Bulletin,2005,50(4):327 - 330.

[102] 史翎,李殿卿,李素锋,等. Zn - Mg - Al - CO_3 LDHs 的结构及其抑烟和阻燃性能[J]. 科学通报,2005,50(4):327 - 330.

[103] 周心权,邬燕云,朱红青,等. 煤矿灾害防治科技发展现状与对策分析[J]. 煤炭科学技术,2002,30(1):1 - 5.

[104] 卢国斌,耿铭. 采空区煤自燃机理及其防治技术研究现状[J]. 辽宁工程技术大学学报,2009,28(S2):28 - 30.

[105] 吴会平. 煤炭自燃气溶胶阻化防火技术研究[D]. 西安:西安科技大学,2012.

[106] 张福成. 浅埋易自燃煤层防灭火关键技术[J]. 煤矿安全,2011(02):35 - 38.

[107] 刘娜,任国强,沈静,等. 关于黏结性防灭火材料的可行性分析[J]. 高教论述,2011(17):111 - 135.

[108] NYAMBO C, WILKIE C A. Layered double hydroxides intercalated with borate anions: Fire and thermal properties in ethylene vinyl acetate copolymer[J]. Polymer Degradation and Stability,2009(94):506 - 512.

[109] MANZI - NSHUTI C, HOSSENMLOPP J M, WILKIE C A. Comparative study on the flammability of polyethylene modified with commercial fire retardants and a zinc aluminum oleate layered double hydroxide[J]. Polymer Degradation and Stability,2009(94):782 - 788.

[110] NYAMBO C, KANDARE E, WILKIE C A. Thermal stability and flammability characteristics of ethylene vinyl acetate (EVA) composites blended with a phenyl phosphonate - intercalated layered double hydroxide (LDH), melamine polyphosphate and/or boric acid[J]. Polymer Degradation and Stability,2009(94):513 - 520.

[111] 时国庆. 防灭火三相泡沫在采空区中的流动特性与应用[J]. 煤炭学报,2011,02:355 - 356.

[112] MORPHY J. Flame retardants fire retardant systems[J]. Polymer degradation and stability,2009,23(3):359 - 376.

[113] 涂永杰,周达飞. 阻燃剂复配技术在高分子材料中的应用[J]. 现代塑料加工应用,1997,9(2):43 - 46.

[114] NYAMBO C, CHEN D, SU S, et al. Does organic modification of layered double hydroxides improve the fire performance of PMMA[J]. Polymer Degradation and Stability,2009(94):1298 - 1306.

[115] 赵芸,李峰,EVANS D G,等.纳米 LDH 对环氧树脂燃烧的抑烟作用[J].应用化学,2002(10):954 - 957.

[116] 郑秀婷,吴大鸣,刘颖,等.纳米双羟基复合金属氧化物(LDH)对聚氯乙烯(PVC)阻燃抑烟研究[J].塑料,2004,3(3):62 - 65.

[117] SANTOSA S J,KUNARTI E S,KARMANTO. Synthesis and utilization of Mg/Al hydrotalcite for removing dissolved humic acid[J]. Applied Surface Science, 2008,254(23):1302 - 1304.

[118] ADACHI K,OHTA K,MIZUNO T. Photocatalytic reduction of carbon dioxide to hydrocarbon using copper - loaded titanium dioxid[J]. Solar Energy, 1994, 53(2):187 - 190.

[119] MINKYU P,BYEONG S K,SEUNG W J,et al. Effective CH production from CO photoreduction using TiO/x mol% Cu TiO double - layered films[J]. Energy Conversion and Management,2015,103:431 - 438.

[120] LIU Y,ZHOU S H,LI J M,et al. YajunPhoto - catalytic reduction of CO_2 with water vapor on surface La - modified TiO nanoparticles with enhanced CH selectivity[J]. Applied Catalysis B:Environmental,2015(168 - 169):125 - 131.

[121] 刘娇,姚萍.铜镁铝三元水滑石的姜泰勒效应[J].物理化学学报,2011,27(9):2088 - 2094.

[122] NASUTION H W,PURNAMA E,KOSELA S,et al. Photocatalyt - ic reduction of CO_2 on copper - doped Titania catalysts prepared by improved - impregnation method[J]. Cataly - sis Communications,2005(6):313 - 319.

[123] 贺学智.层状双金属氢氧化物 Zn(Cu)/Al - LDHs 的制备及其光催化还原二氧化碳的研究[J].分子催化,2013,27(1):70 - 75.

[124] SHAO M F,HAN J B,WEI M,et al. The synthesis of hierarchical Zn - Ti layered double hydroxide for efficient visible - light photocatalysis[J]. Chemical Engineering Journal,2011,168:519 - 524.

[125] HOSNI K, ABDELKARIM O, FRINI - SRAARA N. Synthesis, structure and photocatalytic activity of calcined Mg - Al - Ti - layered double hydroxides[J]. Korean Journal of Chemical Engineering,2015,32(1):104 - 112.

[126] WANG S L,LIN C H,YAN Y Y,et al. Synthesis of Li/Al LDH using aluminum and LiOH[J]. Applied Clay Science,2013,72:191 - 195.

[127] HANG L,WANG J,GAO Y,et al. Synthesis of $LiAl_2$ - layered double hydroxides for CO_2 capture over a wide temperature range[J]. Journal of Materials Chemistry A,2014,43(2):18454 - 18462.

[128] AZZOU A, ARUS V A, PLATON N, et al. Polyol – modified layered double hydroxides with attenuated basicity for a truly reversible capture of CO_2 [J]. Adsorption,2013,19:909 – 918.

[129] SHAO M, HAN J, WEI M, et al. The synthesis of hierarchical Zn – Ti layered double hydroxide for efficient visible – light photocatalysis [J]. Chemical Engineering Journal,2011,168:519 – 524.

[130] TERUEL L, BOUIZI Y, ATIENZAR P. Hydrotalcities of zinc and titanium as precursors of finely dispersed mixed oxide semiconductors for dye – sensitized solar cells[J]. Energy & Environmental Science,2010,3:154 – 159.

[131] SABER O, TAGA H. New layered double hydroxide, Zn – Ti LDH: Preparation and intercalation reactions[J]. Journal of Inclusion Phenomna and Macrocyclic Chemistry,2003,45:107 – 115.

[132] HU X M, GU Z Y, LI X M, et al. Hybrid photoanodes based on nanoporous lithium titanate nanostructures in Dye-sensitized solar cells [J]. Journal of Inorganic Materials,2015,30(10):1037 – 1042.

[133] LIU L J, ZHAO C, XU J, et al. Integrated CO_2 capture and photocatalytic conversion by a hybrid adsorbent/photocatalyst material[J]. Applied Catal B,2015,179: 489 – 499.

[134] ZHANG Z, WANG J, HUANG L, et al. The influence of synthesis method on the CO_2 adsorption capacity of Mg_3Al – CO_3 hydrotalcite – denived adsorbents[J]. Science of Advance Materials,2014,6:1154 – 1159.

[135] DING X, YIN F W, PENG C D, et al. Hydrothermal synthsis, structural analysis and performance of regular Mn – Zn – Mg – Al – CO_3 quaternary layered double hydroxides(LDHs) [J]. Chinese Journal of Inorganic Chemistry,2012,28(2): 331 – 341.

[136] XUE X Y, ZHANG S H, ZHANG H M. Structures of LDHs intercalated with ammonia and the thermal stability for ploy(vinyl chloride)[J]. American Journal of Analytical Chemistry,2015,6(4):334 – 341.

[137] ZHANG Y, LIU J H, LI Y D, et al. A facile approach to superhydrophobic LiAl – layered double hydroxide film on Al – Li alloy substrate[J]. Journal of Coatings Technology and Research,2015,12(3):595 – 601.

[138] XI Y Z, DAVIS R J. Influence of water on the activity and stability of activated Mg – Al hydrotalcites for the transesterification of tributyrin with methanol[J]. Journal of Catalysis,2008,254(2):190 – 197.

[139] KONG T T, WANG X, GUO Q J. Preparation and CO_2 adsorption performance of a novel hierarchical micro/mesoporous solid amine sorbent[J]. Journal of Fuel Chemistry Technology, 2015, 43(12): 1489 - 1497.

[140] LI B. Preparation of Mg containing composite oxides and their CO_2 adsorption and desorption properties study [D]. Taiyuan: Institute of coal chemistry, Chinese Academy of Sciences, 2009.

[141] YONG Z, RODRIGUES A E. Hydrotalcite - like compounds as adsorbents for carbon dioxide[J]. Energy Convers Manage, 2002, 43: 1865 - 1876.

[142] SU C, YEH J C, LIN J L, et al. The growth of films on a TiO_2(110) - (1X1) surface[J]. Applied Surface Science, 2001, 169(7): 366 - 370.

[143] 秦士跃. 还原 CO_2 制甲酸甲酯的光催化作用及反应机理的研究[D]. 天津: 天津大学, 2013.

[144] STEPHAN D W. Frustrated Lewis pairs: a new strategy to small molecule activation and hydrogenation catalysis[J]. Dalton Transations, 2009, 17: 3129 - 3136.

[145] ASHLEY A E, THOMPSON A L, O'HARE D. Nonmetal - mediated homogeneous hydrogenation of CO_2 to CH_3OH [J]. Angewandte Chemical International Edition, 2009, 48(52): 9839 - 9843.

[146] BERKEFELD A, PIERS W E, PARYEZ M. Tomdem frustrated Lewis pair/tris (pentaflurophenyl) borane catalyzed deoxygenative hydrosilylation of carbon dioxide [J]. Journal of The American Chemical Society, 2010, 132(31): 10660 - 10661.

[147] CENTI G, PERATHONER S. Opportunities and prospects in the chemical recycling of carbon dioxide to fuels[J]. Catalysis Today, 2009, 148(3 - 4): 191 - 205.

[148] XIANG G, LI T, ZHUANG J, et al. Large - scale synthesis of metastable TiO_2 (B) nanosheets with atomic thickness and their photocatalytic properties[J]. Chemical Communications, 2010, 46(36): 6801 - 6803.

[149] NIELS N. A, MEIS H, JOHANNES H, et al. Support and size effects of activated hydrotalcites for precombustion CO_2 capture [J]. Industrial & Engineering Chemistry Research, 2010, 49(3): 1229 - 1235.

[150] MEIS N, BITTER J H, DE J K P. On the influence and role of alkali metals on supported and unsupported activated hydrotalcites for CO_2 sorption[J]. Industrial & Engineering Chemistry Research, 2010, 49(17): 8086 - 8093.

[151] KLINIK J, GRZYBEK T. The influence of the addition of cobalt nickel, manganese and vanadium to active carbons on their efficiency in SO_2 removal from stack gases[J]. Fuel, 1992, 71(11): 1303 - 1308.

[152] 尾崎萃. 催化剂手册(中译本)[M]. 北京:化学工业出版社,1981.

[153] SABER O,TAGAYA H. New layered double hydroxide,Zn – Ti LDH:Preparation and intercalation reactions[J]. Journal of Inclusion Phenomena and Macrocyclic Chemistry,2003,45 (1 – 2):107 – 115.

[154] TERUEL L, BOUIZI Y, ATIENZAR P. Hydrotalcities of zinc and titanium as precursors of finely dispersed mixed oxide semiconductors for dye – sensitized solar cells[J]. Energy & Environmental Science,2010,3(1):154 – 159.

[155] OSAMA S, HIDEYUKI T. Preparation and intercalation reactions of nano – structural materials, Zn – Al – Ti LDH[J]. Materials Chemistry and Physics, 2008,108(2 – 3):449 – 455.

[156] MILLANGE F,WALTON R I,LEI L X. Efficient separation of terephthalate anions by selective ion – exchange intercalation in the layered double hydroxide $Ca_2Al(OH)_6 \cdot NO_3 \cdot 2H_2O$[J]. Journal of Materials. Chemistry,2000,12:1990 – 1994.

[157] 孔祥千,豆彩霞,柴源涛,等. 银缓释载银杀菌活性炭的低温水热炭化法制备[J]. 功能材料,2016,47(01):1203 – 1206.

[158] JELLICOE T C, FOGG A M. Synthesis and characterization of layered double hydroxides intercalated with sugar phosphates [J]. Journal of Physics and Chemistry of Solids,2012,73(12):1496 – 1499.

[159] FILHO J F N, LEROUX F, VERNEY V, et al. Percolated non – Newtonian flow for silicone obtained from exfoliated bioinorganic layered double hydroxide intercalated with amino acid[J]. Applied Clay Science,2012,55:88 – 93.

[160] CHEN X Y,LIU S X,CHEN X,et al. Characterization and activity of TiO_2/wAC composite photocatalyst prepared by acid catalyzed hydrolysis method[J]. Acta Physico – Chimica Sinaca,2006,22(5):517 – 522.

[161] LIU S X. Study on regenerationable activated carbon in light catalysis[J]. Carbon,2004,4(120):33 – 38.

[162] ZHANG X, ZHANG F, CHAN K Y. Synthesis of titania – silica mixed oxide mesoporous materials, characterization and photocatalytic properties[J]. Applied Catalysis A:General,2005,284:183 – 198.

[163] LIU S X,CHEN X Y,CHEN X. A novel high active TiO_2/AC composite photocatalyst prepared by acid catalyzed hydrothermal method[J]. Chinese Chemical letter, Chinese Chemical,2006,17(4):529 – 532.

[164] YAO H F,KANG Z Q,LI W. Deformation and reservoir nproperties of tectonically deformed coals[J]. Petroleum Exploration and Development,2014,41(4):460 – 467.

[165] ZANG L, LANGE C, ABRAHAM I. Amorphous microporous titania modified with platinum(IV) chloride - a new type of hybrid photocatalyst for visible light detoxification[J]. The Journal of Physical Chemistry B, 1998, 102(52): 10765 - 10771.

[166] NYRNE J A, EGGINS N R, HROWN N M D. Immoblisation of TiO_2 powder for the treatment of polluted water[J]. Applied catalysis B: Environmental, 1998, 17 (1 - 2): 25 - 36.

[167] MATOS J, LAINE J, HERRMANN J M. Association of activated carbons of different origins with titania in the photocatalytic purification of water [J]. Carbon, 1999, 37(11): 1870 - 1878.

[168] LU M C, CHEN J N. Effect of adsorbents coateal with titanium dioxide on the photocatalytic degradation of propoxur[J]. Chemosphere, 1999, 38(3): 617 - 627.

[169] LINSEBIGER A L, LU G Q, YATES J T. Photocatalysis on TiO_2 surfaces: Principles, mechanisms, and selected results [J]. Chemical Reviews, 1995, 95(3): 735 - 758.

[170] TOMKIEWICZ M. Scaling properties in photocatalysis [J]. Catalysis Today, 2000, 58(2 - 3): 115 - 123.

[171] HERRMANN J M. Solar photocatalytic degradation of 4 - chlorophenol using the synergistic effect between titania and AC in aqueous suspention[J]. Catalysis Today, 1999, 3: 54 - 60.

[172] MATOS J, LAINE J, HERRMAN J M. Synergy effect in the photocatalytic degradation of phenol on a suspened mixture of titania and activated carbon[J]. Appl catal B: Environ, 1998, 18(3 - 4): 281 - 291.

[173] CORDERO T, CHOVELON J M, DUCHAMP C, et al. Surface nano - aggregation and photocatalytic activity of TiO_2 on H - type activated carbons[J]. Applied catalysis Environmental, 2007, 73(3 - 4): 227 - 235.

[174] CORDERO T, DUCHAMP C, CHOVELON J M, et al. Influence of L - type activated carbons on photocatalytic activity of TiO_2 in 4 - chlorophenol photodegradation[J]. Journal of Photochemistry and Photobiology A: Chemistry, 2007, 191(2 - 3): 122 - 131.

[175] LETTMANN C, HILDENBRAND K, KISCH H, et al. Visible light photodegradation of 4 - chlorophenol with a coak - containing titanium dioxide photocatalyst[J]. Applied Catalysis Enviromental, 2001, 32(4): 215 - 227.

[176] SCHIAVEUO M. Some working principles of heterogeous photocatalysis by semiconductors

[J]. Electrochemical Aeta,1993,38(1):1056 - 1062.

[177] AO C H, LEE S C. Combination effect of activated carbon with TiO_2 for the photodegradation of pollutants at typical indoor air level [J]. Journal of photochemistry and photobiology A: Chemistry,2004,161:131 - 140.

[178] RUSO J M, MESSINA P V. Theoretical & Experimental study of self - assembled systems in medicinal chemistry: applications from bio - physics, bio - materials, and nano sciences[J]. Current Topics in Medicinal Chemistry,2014,14 (5): 553 - 554.

[179] YUAN T, LARSSON K. Theoretical study of size effects on surface chemical properties for nanoscale diamord particles [J]. Journal of Physical Chemistry, 2014,118(45):26061 - 26069.

[180] KODRIGUEZ J, CLEMENTE G, SANJUAN N, et al. Modelling drying kinetics of thyme (Thymus vulgaris L): theoretical and empirical models, and neural networks[J]. Food Science and Technology International,2014,20(1):13 - 22.

[181] BHATT M D, O′DWYER C. Recent progress in theoretical and computational investigations of Li - ion battery materials and electrolytes [J]. Physical Chemistry Chemical Physics,2015,17(7):4799 - 4844.

[182] HA N N, TUAN M A, THU D X, et al. Theoretical study on Ru^{2+}, Cu^{+}, and Fe^{2+} complexes toward the application in dye sensitized solar cell[J]. Journal of Solar Energy Engineering - Transactions of the Asme,2015,137(2).

[183] JONES R O, GUNNARSSON O. The density functional formalism, its applications and prospects[J]. Reviews of Modern Physics,1989,61(3):689 - 746.

[184] SZABO A, OSTLUND N S, Modern quantum chemistry [M]. New York: Dover Publications,1996.

[185] THOMAS L H. The calculation of atomic fields[J]. Mathematical proceedings of the cambridge philosophical society,1927,23(5):542 - 548.

[186] FERMI E. Un methodo statistico per la determinazione di alcune priorieta dell′ atome[J]. Accademia Nazionale dei Lincei,1927,23(6):602 - 607.

[187] HOHENBERG P, KOHN W. Inhomogeneous electron gas [J]. Physical Rev, 1964,136:864 - 871.

[188] KOHN W, SHAM L J. Self - consistent equations including exchange and correlation effects[J]. Physical Rev,1965,1133 - 1138.

[189] FOCK V. Bemerkung zur quantelung des harmonischen oszillators im magnetfeld [J]. Zeitschrift Physik,1928,47(5):446 - 448.

[190] PERDEW J P,YUE W. Accurate and simple density functional for the electronic exchange enregy:Generalized gradient approximation[J]. Physical Review B, 1986,33(12):8800.

[191] YAN H,LU J,WEI M,et al. Theoretical study of the hexahydrated metal cations for the understanding of their template effects in the construction of layered double hydroxides[J]. Journal of Molecular Structure Theochem,2008,866(1): 34-35.

[192] 倪哲明,姚萍,刘晓明,等. 铜锌铝三元水滑石畸变结构和稳定性的理论研究[J]. 高等学校化学学报,2010,31(12):2438-2444.

[193] 谢思维,刘铮,刘进. Material Studio(MS)软件在腐蚀与防护中国的应用研究现状[J]. 计算机与应用化学,2015,32(2):183-187.

[194] YIN K L,XIA Q,XU D J,et al. Computer simulation of a gold nanoparticle coated by thiol-terminated hydroquinonyl oligoethers[J]. Macromolecular Theory and Simulations,2010,12(8):593-598.

[195] YIN K L,XIA Q,XI H T,et al. Molecular simulation of inner structure of a self assembled gold cluster passivated with thiol-terminated asymmetric hydroquinonyl oligoethers[J]. Journal of Molecular Structure:Theochem,2004,674(1-3):159-165.

[196] MURTHY V,SMITH H D,ZHANG H,et al. Molecular modeling of hydrotalcite structure intercalated with transition metal oxide anions:$CrO_4^{(2-)}$ and $VO_4^{(3-)}$. [J]. Journal of Physical Chemistry B,2011,115(46):13673-13683.

[197] 姚萍,倪哲明,胥倩,等. 镁锡水滑石中的超分子作用[J]. 物理化学学报,2010,26(1):175-182.

[198] SEGALL M D,LINDA P,PROBERT M,et al. First principles simulation:ideas, illustrations and the CASTEP code[J]. Journal of Physics-condensed Matter, 2002,14:2717-2744.

[199] 王力根,施伟,姚萍,等. 铜锌镁铝四元水滑石的微观结构及其姜-泰勒畸变[J]. 物理化学学报,2012,28(1):58-64.

[200] XU Q,NI Z M,MAO J H. First principles study of microscopic structures and layer-anion interactions in layered double hydroxides intercalated various univalent anions[J]. Journal of Molecular Structure Theochem,2009,915(1): 122-131.

[201] SCHEINER S. Hydrogen bonding[M]. New York:Oxford UniversityPress,1997.

[202] DESIRAJU G,STEINER T. The weak hydrogen bonding[M]. New York:Oxford University Press,1997.